高等学校应用型特色规划教材

Photoshop CC 图像处理项目教程

主编 赵 峰 李泗兰
副主编 郭 雅 王国强 蔡翠翔

电子工业出版社
Publishing House of Electronics Industry
北京·BEIJING

内 容 简 介

本书以 Photoshop CC 的具体应用为学习目标，以案例教学和项目制作流程为主线，系统地介绍了 Photoshop CC 软件的基本操作方法和图形图像处理技巧。本书共分为十个项目，分别为 Photoshop CC 入门、图像选取与变换、图层、图像绘制与修饰、蒙版、通道、路径、图像调整、滤镜和综合案例。在每个项目中，通过"知识准备"使学生快速熟悉软件的相关操作，通过"任务训练"培养学生艺术设计的思路，提高学生的图像处理和创作能力，通过"课后习题"让学生进一步巩固所学知识，拓展 Photoshop 的应用能力。

本书深入浅出、图文并茂、直观生动，每个项目单元都设计了多个学习任务，具有很强的操作性和实用性。本书提供电子课件、素材等配套资源，适合作为应用型本科院校、高职高专院校相关专业的教材，也可作为广大平面设计人员及计算机图像处理爱好者的参考用书。

未经许可，不得以任何方式复制或抄袭本书之部分或全部内容。
版权所有，侵权必究。

图书在版编目（CIP）数据

Photoshop CC 图像处理项目教程 / 赵峰，李泗兰主编. —北京：电子工业出版社，2018.8
ISBN 978-7-121-34590-6

Ⅰ. ①P… Ⅱ. ①赵… ②李… Ⅲ. ①图象处理软件－高等学校－教材 Ⅳ. ①TP391.41

中国版本图书馆 CIP 数据核字（2018）第 137799 号

策划编辑：章海涛
责任编辑：章海涛　文字编辑：刘　瑀
印　　刷：中国电影出版社印刷厂
装　　订：中国电影出版社印刷厂
出版发行：电子工业出版社
　　　　　北京市海淀区万寿路 173 信箱　邮编：100036
开　　本：787×1 092　1/16　印张：10.75　字数：241.8 千字
版　　次：2018 年 8 月第 1 版
印　　次：2022 年 6 月第 8 次印刷
定　　价：52.00 元

凡所购买电子工业出版社图书有缺损问题，请向购买书店调换。若书店售缺，请与本社发行部联系，联系及邮购电话：（010）88254888，88258888。
质量投诉请发邮件至 zlts@phei.com.cn，盗版侵权举报请发邮件至 dbqq@phei.com.cn。
本书咨询联系方式：liuy01@phei.com.cn。

前言
PREFACE

  本书是根据当前高职教材建设和教材改革的新思路编写的。作者团队由教学经验丰富、行业背景深厚的高职院校一线"双师型"教师和企业专家共同组成，融理论知识、实践技能、行业经验于一体。本书内容注重和职业岗位相结合，遵循职业能力培养的基本规律，采用"任务驱动"的编写模式，通过大量典型实例讲解 Photoshop CC 图形图像处理的基本技巧。

  本书内容由浅入深，通俗易懂，实例丰富，图文并茂，可操作性强，较好地做到了理论与实践的统一、内容与形式的一致。本书共分为十个项目，分别为 Photoshop CC 入门、图像选取与变换、图层、图像绘制与修饰、蒙版、通道、路径、图像调整、滤镜和综合案例，在每个项目中以典型工作任务为载体，引领知识点的学习，使学生掌握所需的基本理论和技能。

  本书由广东创新科技职业学院赵峰和李泗兰担任主编，负责整书思路、主要框架、大纲的编写和统稿；全书编写分工如下：项目一、项目四由赵峰编写，项目二、项目七由李泗兰编写，项目三、项目九由郭雅编写，项目五、项目六由王国强编写，项目八由蔡翠翔编写、项目十由蔡翠翔和魏志平编写。广东创新科技职业学院冯天亮担任主审，审阅了全部书稿并提出了宝贵的修改意见。广州首季风信息科技有限公司首席平面设计总监魏志平担任技术顾问，在本书的项目设计、任务编排等方面从企业实际工作过程和工作内容的角度给予了有益的指导。

  本书配有电子课件、素材等教学资源，读者可登录华信教育资源网（www.hxedu.com.cn）注册并免费下载。

  由于时间仓促，书稿内容多，要将各个知识点融入每个项目案例中，是一项难度很大的工作，书中难免有疏漏之处，欢迎广大读者批评指正。

编 者

目录
CONTENTS

项目一　Photoshop CC 入门 1
　　任务一　认识 Photoshop CC 1
　　任务二　安装 Photoshop CC 7
　　任务三　Photoshop CC 的基本操作 10
　　习题 13

项目二　图像选取与变换 14
　　任务一　利用选区运算制作灯笼 22
　　任务二　利用变换制作礼品包装盒 27
　　任务三　制作百事可乐商标 31
　　任务四　利用裁剪制作一寸照 36
　　习题 39

项目三　图层 41
　　任务一　制作奥运五环 45
　　任务二　利用图层样式制作水滴效果 48
　　任务三　利用文字图层制作海报 53
　　任务四　利用调整图层进行调色 57
　　习题 60

项目四　图像绘制与修饰 62
　　任务一　照片修复 69
　　任务二　人像美容 71
　　习题 74

项目五　蒙版 76
　　任务一　利用图层蒙版制作合成风景特效 76
　　任务二　利用快速蒙版制作花开季节 78
　　任务三　利用剪贴蒙版制作网格状效果图像 82
　　任务四　利用蒙版进行人与动物的合成 85
　　习题 87

项目六 通道 ··· 89
任务一 利用通道抠图为照片更换背景 ·· 90
任务二 利用 Alpha 通道绘制太极图图像 ··· 92
任务三 利用通道进行人物磨皮 ·· 96
习题 ·· 99

项目七 路径 ··· 100
任务一 利用路径制作霓虹灯效果的文字 ·· 101
任务二 利用路径绘制卡通图像 ··· 104
任务三 利用路径制作邮票和信封 ·· 114
习题 ·· 122

项目八 图像调整 ··· 123
任务一 制作糖水效果 ··· 126
任务二 制作四季变化效果 ·· 128
任务三 利用照片滤镜制作岁月静好 ··· 130
习题 ·· 133

项目九 滤镜 ··· 134
任务一 利用液化滤镜瘦身 ·· 136
任务二 利用高反差保留滤镜进行人像磨皮 ··· 138
任务三 利用滤镜制作下雪效果 ··· 140
任务四 利用"树"滤镜制作松鼠乐园 ·· 141
习题 ·· 147

项目十 综合案例 ··· 149
任务一 制作淘宝海报 ··· 149
任务二 绘制国画兰花 ··· 153
习题 ·· 165

参考文献 ·· 166

项目一
Photoshop CC 入门

任务一　认识 Photoshop CC

Adobe Photoshop，简称 PS，是由 Adobe Systems 开发和发行的图像处理软件，是当今世界上最畅销的图像处理软件之一。

1987 年，攻读博士学位的研究生托马斯·诺尔（Thomas Knoll），购买了一台苹果计算机（MacPlus），用来帮助他撰写博士论文，他发现当时的苹果计算机无法显示带灰度的黑白图像，因此他自己写了一个程序 Display。他的兄弟约翰·诺尔（John Knoll）这时在导演乔治·卢卡斯（George Lucas）的电影特殊效果制作公司 Industry Light Magic 工作，对 Display 很感兴趣。于是兄弟俩开始一起修改 Display 程序，经过一年多的时间，Display 程序具有了更强大的图像编辑功能，如羽化、色彩调整和颜色校正等，并可以读取各种格式的文件，托马斯将这个程序改名为 Photoshop。此外，约翰也写了一些程序，后来成为了插件（Plug-in）的基础。图 1-1 所示为 Photoshop 两位创始人的照片。

图 1-1　Thomas Knoll 和 John Knoll

一、Photoshop 发展史

随着技术的不断发展，Photoshop 技术团队也在对软件功能进行不断的优化。从 20 世纪 90 年代至今，Photoshop 经历了多次版本的更新，具体如表 1-1 所示。

表 1-1　Photoshop 版本更新列表

发布时间	版　　本	版本介绍
1990 年 2 月	Photoshop 1.0	Photoshop 版本 1.0.7 正式发行，大小仅为 100KB

（续表）

发布时间	版 本	版本介绍
1991 年 2 月	Photoshop 2.0	引入路径的概念，同时支持栅格化 Illustrator 文件，支持 CMYK 模式、双调图；Adobe 成为行业的标准
1994 年	Photoshop 3.0	引入调色板标签和图层功能
1997 年 9 月	Photoshop 4.0	增加可调整的图层，可编辑类型
1998 年 5 月	Photoshop 5.0	创造性地新增多次撤销（历史面板）功能和色彩管理功能；其中 5.0.2 是第一个中文版本
2000 年 9 月	Photoshop 6.0	更新用户界面，引入"溶解"滤镜，图层模式/混合图层
2002 年 3 月	Photoshop 7.0	新增修复画笔工具、修补工具，增加了控制面板的"泊坞"功能，集成了图片浏览与管理功能
2003 年 9 月	Photoshop CS	支持相机 RAW 2.x、Highly modified "Slice Tool"、阴影/高光命令、颜色匹配命令、"镜头模糊"滤镜、实时柱状图、Detection and refusal to print scanned images of various banknotes，使用 Safecast 的 DRM 复制保护技术，支持 JavaScript 脚本语言及其他语言
2005 年	Photoshop CS2	增加很多新功能，例如，更多的创造性选项，按照用户使用习惯定制工作环境，增加更多可以提高工作效率的文件处理功能，进一步增强的滤镜功能，新增的修复工具、网格变形命令等
2007 年	Photoshop CS3	增加智能滤镜、视频编辑功能、3D 功能等，软件页面也进行了重新设计
2008 年 9 月	Photoshop CS4	增加旋转画布、3D 模型，GPU 显卡加速等功能
2010 年 4 月	Photoshop CS5	新增轻松完成复杂选择、内容感知型填充、操控变形、GPU 加速功能、出众的绘图效果、自动镜头校正、简化的创作审阅、更简单的用户界面管理、出众的 HDR 成像、更出色的媒体管理、最新的原始图像处理等功能
2012 年 4 月	Photoshop CS6	新增内容感知修补（Content-AwarePatch）功能，使用户可以选择和复制图像的某个区域以填补或"修补"另一区域，从而获得更好的操作体验；内容感知移动（Content-AwareMove）功能则可以让用户选择图像中的某个对象，并将其移动到一个新位置
2013 年 7 月	Photoshop CC（Creative Cloud）	新增相机防抖动、CameraRAW 功能改进、图像提升采样、属性面板改进、Behance 集成等功能
2014 年 6 月	Photoshop CC 2014	新增功能可以极大地丰富对数字图像的处理体验
2015 年 6 月	Photoshop CC 2015	新功能包括：画板、设备预览和 Preview CC 伴侣应用程序、模糊画廊 | 恢复模糊区域中的杂色、Adobe Stock、设计空间（预览）、Creative Cloud 库、导出画板、图层等
2016 年 12 月	Photoshop CC 2017	新增文档模板，以帮助用户更快上手使用，搜索功能允许用户能够在 Photoshop 中快速找到所需工具，无须一个一个菜单进行翻找。除此以外，用户还可以筛选 Adobe 提供的帮助信息和 Adobe Stock 库
2017 年 10 月	Photoshop CC 2018	目前为最新版本

二、Photoshop CC 2017 新增的功能

Photoshop CC 2017 主要有 5 个新的亮点。
- 文档新建更智能：新建文档的预设，不仅展示方式变得更直接，而且功能更全面、更强大。新增 1 寸、2 寸照片、图稿海报大小、Web 端各种尺寸、移动设备文档大小等尺寸选择。
- Stock 模板素材的免费下载：新建文档时，可以选择目标素材，也可以在 Stock 输入对话框中进行素材检索。检索出来的图片都可以免费下载。
- 增加 SVG 字体样式：在文字的选择中增加了 SVG 字体样式，支持多种格式的表情、序号等元素。
- 搜索更方便：Photoshop CC 2017 的右侧增加了搜索栏，可以快速地搜索内容。
- 与 Adobe XD 无缝连接：Photoshop CC 2017 可以与 Adobe XD 无缝连接，可以直接将路径图层复制到 Adobe XD 中。选择路径，单击鼠标右键，复制 SVG，然后粘贴到 Adobe XD 即可。

三、矢量图、位图

计算机的数字化图像类型分为两种：矢量图和位图；Illustrator 和 CorelDRAW 主要处理矢量图，Photoshop 主要处理位图。

1. 矢量图

矢量图根据几何特性来绘制图形，矢量可以是一个点或一条线，矢量图只能靠软件生成，文件占用存储空间较小，如图 1-2 所示。矢量图的特点是放大后不失真，如图 1-3 所示。

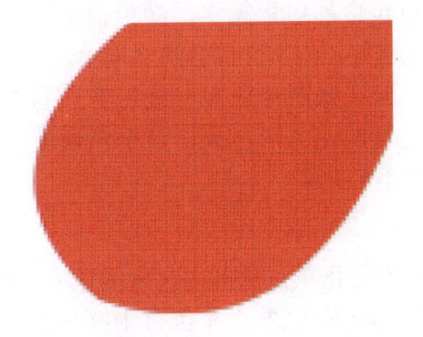

图 1-2　矢量图　　　　　图 1-3　矢量图放大后不失真

矢量图的优点是与分辨率无关，在进行缩放、旋转等操作时，可以保持对象光滑无锯齿。其缺点是不易制作色彩变化丰富的图像，绘制出来的图像色彩也不是很逼真，且不易在不同的软件中交换使用。矢量图适用于图形设计、文字设计、标志设计、版式设计等。

2. 位图

位图（bitmap）也称点阵图像或绘制图像，由像素（图片元素）点组成，如图1-4所示。位图放大后会失真，如图1-5所示。

图1-4　位图

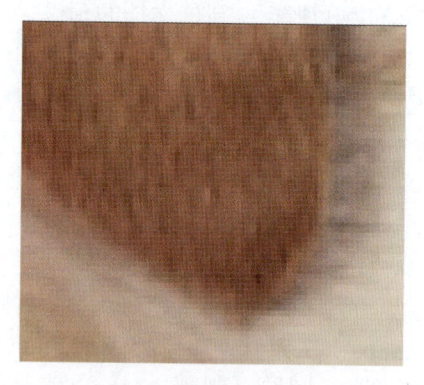

图1-5　位图放大后失真

位图的特点是与分辨率有关，可以表现丰富的色彩变化并产生逼真的效果，且容易在不同软件之间交换使用，但其占用的存储空间较大。

四、像素、分辨率

1. 像素

像素（pixel）是指图像中的小方块，这些小方块都有一个明确的位置和被分配的色彩数值，它们的颜色和位置决定该图像所呈现出来的样子。一个图像包含的像素越多，颜色信息越丰富，图像效果就越好，但文件也会随之增大。

将任何一张图片放大，最后看到的都是不同颜色及亮度的正方形色块，每个色块就是一个像素，如图1-6所示。

图1-6　像素示意图

2. 分辨率

分辨率是指单位长度内包含的像素点的数量，它的单位通常为像素/英寸（ppi），例如，100ppi表示每英寸包含100个像素点。分辨率决定了位图细节的精细程度，通常情况下，分辨率越高，包含的像素越多，图像就越清晰。图1-7所示为相同打印尺寸但不同分辨率的两个图像，可以看到，低分辨率的图像较模糊，高分辨率的图像就清晰很多。

新建文档时可以设置图像尺寸。在打开图片后，也可以改变图像尺寸，改变图像尺寸可以通过更改图像的长、宽，也可以通过改变图像的分辨率。图像尺寸越大，图像越清晰。具体方法为：执行"图像"→"图像大小"命令，更改图像大小及分辨率，如图1-8所示。

图 1-7 不同分辨率图像对比效果

图 1-8 "图像大小"对话框

五、颜色模式

颜色模式是指将某种颜色表现为数字形式的模型，或者说是一种记录图像颜色的方式。颜色模式分为位图模式、灰度模式、双色调模式、索引颜色模式、RGB 颜色模式、CMYK 颜色模式、Lab 颜色模式和多通道模式，可执行"图像"→"模式"命令进行选择。

1. 位图模式

位图模式用两种颜色（黑和白）表示图像中的像素。由于位图模式只用黑白色来表示图像的像素，在将图像转换为位图模式时会丢失大量细节，因此 Photoshop 提供了几种算法来模拟图像中丢失的细节。在宽度、高度和分辨率相同的情况下，位图模式的图像尺寸最小，约为灰度模式的 1/7 和 RGB 颜色模式的 1/22。

2. 灰度模式

灰度模式可以使用多达 256 级灰度来表现图像，使图像的过渡更平滑、细腻。灰度图像的每个像素有 0（黑色）～ 255（白色）的灰度值。灰度值也可以用黑色油墨覆盖的百分比来表示，0% 表示白色，100% 表示黑色。

3. 双色调模式

双色调模式采用 2～4 种彩色油墨混合其色阶来创建由双色调（2 种颜色）、三色调（3 种颜色）和四色调（4 种颜色）的图像。在将灰度图像转换为双色调模式的过程中，可以对色调进行编辑，产生特殊的效果。

4. 索引颜色模式

索引颜色模式是网上和动画中常用的图像模式，当彩色图像转换为索引颜色的图像后，包含近 256 种颜色。索引颜色图像包含一个颜色表，如果原图像中颜色不能用 256 种颜色表现，则 Photoshop 会从可使用的颜色中选出与之最相近颜色来模拟这些颜色，这样可以减小图像文件的尺寸。索引颜色模式可用来存放图像中的颜色并为这些颜色建立颜色索引，颜色表可在转换的过程中定义或在生成索引图像后修改。

5. RGB 颜色模式

RGB 颜色模式是指通过红（Red）、绿（Green）、蓝（Blue）3 种颜色通道的变化以及它们相互之间的叠加来得到各种颜色。使用 RGB 颜色模型是为图像中每个像素的 RGB 分量分配一个 0～255 范围内的强度值。

6. CMYK 颜色模式

CMYK 颜色模式是一种印刷模式。4 个字母分别指青（Cyan）、洋红（Magenta）、黄（Yellow）、黑（Black），在印刷中代表 4 种颜色的油墨。CMYK 模式在本质上与 RGB 模式没有什么区别，只是产生色彩的原理不同，在 RGB 模式中是由光源发出的色光混合生成颜色，而在 CMYK 模式中是由光线照到有不同比例 C、M、Y、K 油墨的纸上，部分光谱被吸收后，利用反射到人眼的光产生颜色。

7. Lab 颜色模式

Lab 由 RGB 转换而来，它是由 RGB 模式转换为 HSB 模式和 CMYK 模式的桥梁。该颜色模式由一个发光率（Luminance）和两个颜色轴（a，b）组成。它用颜色轴所构成的平面上的环形线来表示颜色的变化，其径向表示色彩饱和度的变化，自内向外，饱和度逐渐增高；圆周方向表示色调的变化，每个圆周形成一个色环；而不同的发光率表示不同的亮度并对应不同的环形颜色变化线。

8. 多通道模式

多通道模式对有特殊打印要求的图像非常有用。例如，如果图像中只使用了一两种或两三种颜色时，使用多通道模式可以减少印刷成本并保证图像颜色的正确输出。默认情况下，8 位通道中包含 256 个色阶，如果增加到 16 位，每个通道的色阶数量为 65536 个，这样能得到更多的色彩细节。Photoshop 可以识别和输入 16 位通道的图像，但对这种图像限制很多，所有的滤镜都不能使用，另外，16 位通道模式的图像不能被印刷。

六、图像存储格式

图像格式决定了图像的特点和使用方式，不同格式的图像在应用过程中区别很大，不同的用途决定了不同的图像格式。

1. PSD格式

PSD 格式是 Photoshop 的专用格式。它其实是 Photoshop 进行平面设计的"草稿图",包含了图层、通道、路径等各种设计样稿,方便下次打开时修改上一次的设计。

2. JPG格式

JPG 全名是 JPEG,是图片的一种格式。JPEG 图片以 24 bit 颜色存储单个位图,是与平台无关的格式,支持最高级别的压缩,这种压缩是有损耗的。

3. EPS格式

EPS(Encapsulated Post Script)格式是 Illustrator 和 Photoshop 之间可交换的文件格式。EPS 文件是目前桌面印刷系统普遍使用的通用交换格式中的一种综合格式,又称为带有预视图像的 PSD 格式,它由一个 PostScript 语言的文本文件和一个(可选)低分辨率的由 PICT 或 TIFF 格式描述的代表图像组成。EPS 文件就是包括文件头信息的 PostScript 文件,利用文件头信息可使其他应用程序将此文件嵌入文档。

EPS 文件大多用于印刷,以及在 Photoshop 和页面布局应用程序之间交换图像数据。当保存为 EPS 文件时,Photoshop 将出现"EPS 选项"对话框,如图 1-9 所示。

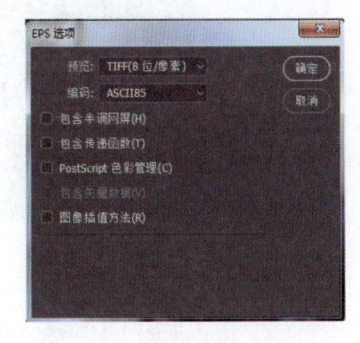

图 1-9 "EPS 选项"对话框

4. DICOM格式

DICOM(Digital Imaging and Communications in Medicine)即医学数字成像和通信,是医学图像和相关信息的国际标准(ISO 12052)格式。它定义了能满足临床需要的、可用于数据交换的医学图像格式。

5. IFF格式

IFF 格式是一种通用的数据存储格式,可以关联和存储多种类型的数据,如静止图片、声音、音乐、视频和文本数据等多种扩展名的文件。

6. GIF格式

GIF(Graphics Interchange Format)是由 CompuServe 公司开发的图形文件格式,是一种基于 LZW 算法的连续色调的无损压缩格式。其压缩率一般在 50% 左右,它不属于任何应用程序。GIF 格式的另一个特点是其在一个文件中可以保存多幅彩色图像,如果把存于一个文件中的多幅图像数据逐幅读出并显示到屏幕上,就可以构成一种最简单的动画。网页中的动态图片一般都是 GIF 格式的。

任务二 安装 Photoshop CC

首先介绍如何安装 Photoshop 软件,不同版本的安装方式略有不同,本书基于

Photoshop CC 2017 版本，介绍其安装方式。

从 CC 版本开始，Photoshop 推出一种基于订阅的服务，需要通过 Adobe Creative Cloud 下载 Photoshop CC 2017 的安装文件。

（1）打开 Adobe 的官方网站 www.adobe.com.cn，单击页面上的"开始使用 Photoshop"按钮，如图 1-10 所示。

图 1-10　单击"开始使用 Photoshop"按钮

（2）进入如图 1-11 所示的产品演示页面，单击"免费试用"按钮，进入 Photoshop CC 免费试用的注册页面，如图 1-12 所示。

图 1-11　单击"免费试用"按钮

（3）在弹出的注册页面中注册 Adobe ID（如果已有 Adobe ID，则单击"登录"按钮登录），在注册页面输入基本信息，勾选"我已阅读并接受使用条款和隐私政策"，如图 1-13 所示，接下来，同意使用条款，单击"继续"按钮，如图 1-14 所示。

项目一　Photoshop CC 入门

图 1-12　注册页面　　　　　　　　　　图 1-13　填写基本信息

（4）Creative Cloud 的安装程序将会被下载到当前计算机上，双击安装程序进行安装，安装过程如图 1-15～图 1-18 所示。

图 1-14　同意使用条款　　　图 1-15　开始安装　　　图 1-16　正在安装

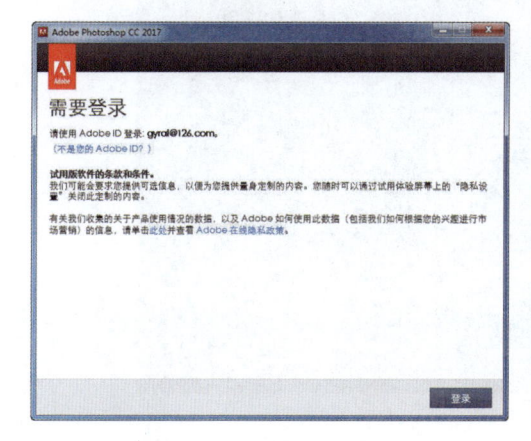

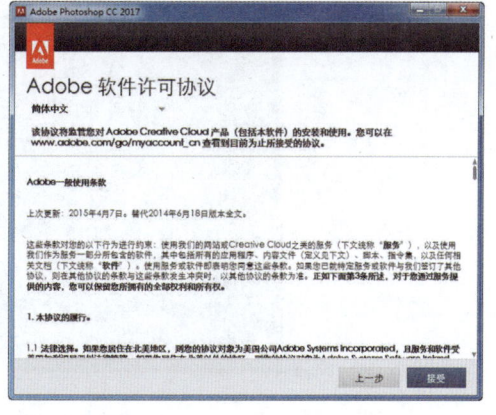

图 1-17　接受 Adobe 软件许可协议

图 1-18 完成 Photoshop CC 的安装

> **提示：试用与购买**
>
> 上述安装过程是以"试用"的方式进行下载和安装的，在没有付费购买 Photoshop 软件之前，可以免费试用一段时间，如果需要长期使用，则需要购买。

任务三 Photoshop CC 的基本操作

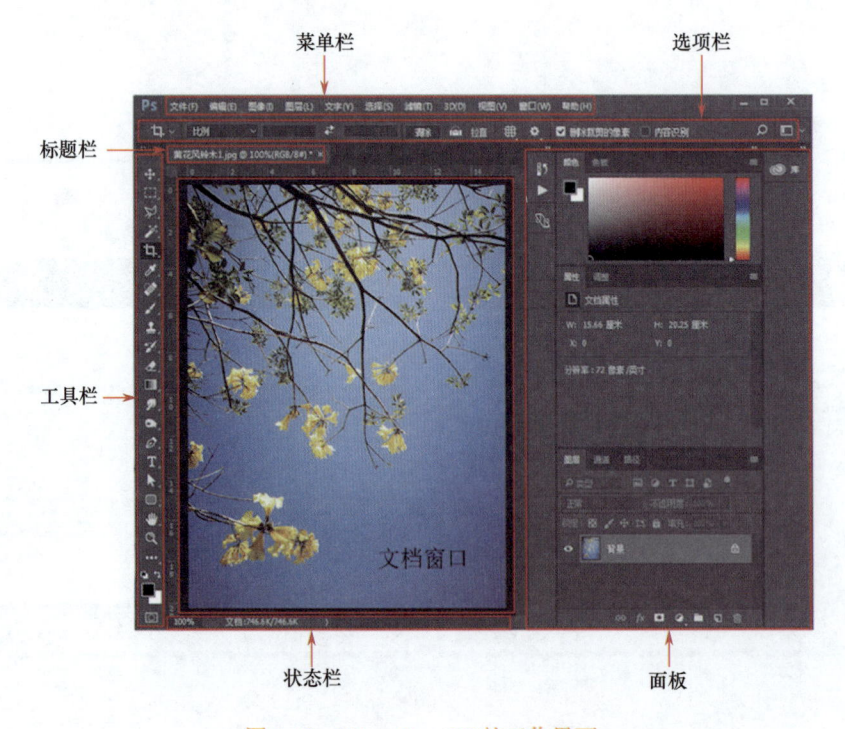

一、认识 Photoshop CC 的工作界面

Photoshop CC 的工作界面如图 1-19 所示，分为菜单栏、标题栏、工具栏、状态栏、选项栏、文档窗口、面板等部分。

图 1-19 Photoshop CC 的工作界面

项目一　　Photoshop CC 入门

二、Photoshop 基本操作

1. 新建文档

执行"文件"→"新建"命令，在弹出的"新建文件"对话框中，设置"预设详细信息""高""宽"等参数，并新建文档，如图 1-20 所示。

图 1-20 "新建文件"对话框

2. 打开单个文档

执行"文件"→"打开"命令，在弹出的"打开"对话框中选择文档，然后单击"打开"按钮，如图 1-21 所示。

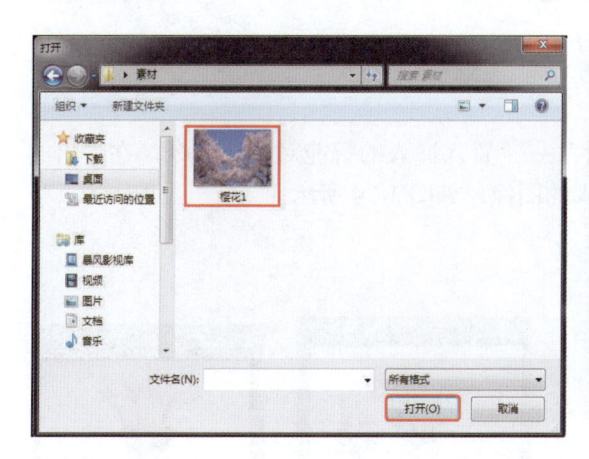

图 1-21 打开文件

3. 打开多个文档

执行"文件"→"打开"命令，在弹出的"打开"对话框中选择多个文档，然后单击"打开"按钮，如图 1-22 所示。

4. 保存文档

执行"文件"→"存储为"命令，在弹出的"另存为"对话框中输入文件名，然后单击"保存"按钮，如图 1-23 所示。

11

Photoshop CC
图像处理项目教程

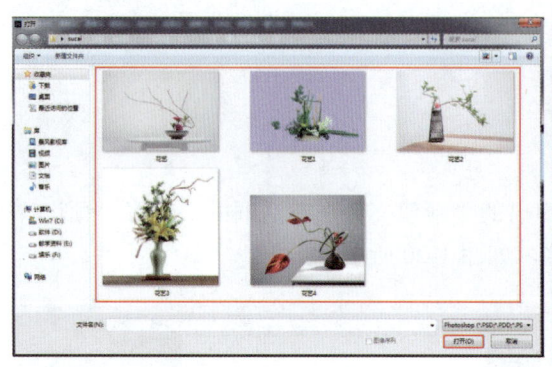

图 1-22　打开多个文档

图 1-23　保存文档

5. 置入嵌入的智能对象

在打开的现有文件中，执行"文件"→"置入嵌入的智能对象"命令，在弹出的"置入嵌入对象"对话框中选择需要置入的图像，如图 1-24 所示。

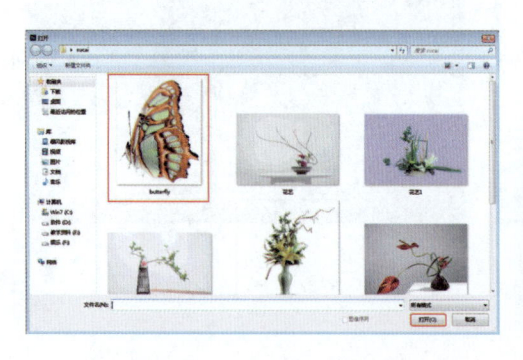

图 1-24　置入嵌入的智能对象

> **提示**
>
> 　　嵌入的智能对象可以无损任意缩放，也可以先缩小再放大到之前的大小，图片的清晰度不会改变。

习　　题

1. 下载 Photoshop CC 2017 软件，在个人计算机上正确安装并了解其相关功能。
2. 了解 Photoshop CC 2017 软件的最新功能。
3. 熟悉 Photoshop CC 2017 软件的打开、创建及存储文件等命令。

项目二
图像选取与变换

知识准备

一、移动工具

移动工具（V）主要用于图像、图层或选择区域的移动，使用它可以完成排列、组合、移动和复制等操作，如图2-1所示。

在移动工具属性栏中，勾选"自动选择：图层"选项，选中此选项后，Photoshop将会自动选择光标所在的图层；如果勾选"显示变换控件"选项，被操作的图像上将出现8个控制点，如图2-2所示。

图2-1 移动工具

图2-2 移动工具属性栏

操作技巧

在使用移动工具时，可按键盘上的方向键直接以1像素的距离移动图像，按住Shift键后再按方向键可以每次以10像素的距离移动图像，而按住Alt键拖动选区可将选区图像复制后进行移动操作。

二、选框工具

选框工具主要用于选取像素，矩形选框工具主要用于制作选区，使用后会出现蚂蚁线。选框工具共有4种，包括矩形选框工具、椭圆选框工具、单行选框工具和单列选框工具，如图2-3所示。

4种选框工具功能相似，但各自又有不同的特点。用选框工具选择的范围是要进行图像处理的范围，所执行的命令只对选择区域范围内的对象有效。使用 Shift+M 组合键可实现选框工具间的切换。

矩形选框工具可以方便地在图像中制作出长宽任意的矩形选区。操作时，在图像窗口中按住鼠标左键同时移动鼠标，拖动到合适的大小后松开，建立矩形选区。在选择矩形选框工具后，Photoshop CC 的属性栏会显示矩形选框工具的参数设置。

图 2-3　选框工具

属性栏包括：选择方式、羽化和消除锯齿、样式、创建或调整选区，它们将分别提供对矩形选框工具各种不同参数的控制，如图 2-4 所示。

图 2-4　矩形选框工具属性栏

1. 选择方式

选择方式下有 4 个选项，分别如下。

（1）新建选区：是 Photoshop CC 中默认的选择方式，使用简单。在图像中按住鼠标左键，然后拖动到合适的位置松开，如图 2-5 所示。

（2）添加到选区：在原有选区的基础上，增加新的选择区域，形成最终的选择范围，如图 2-6 所示。

（3）从选区减去：在原有选区中，减去与新的选择区域相交的部分，形成最终的选择范围，如图 2-7 所示。

图 2-5　新建选区

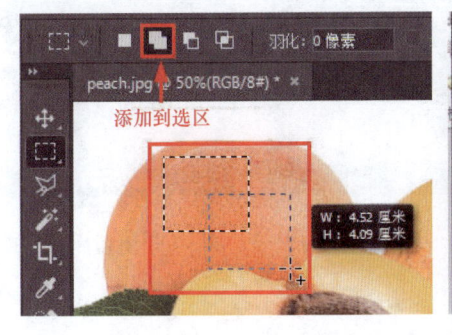

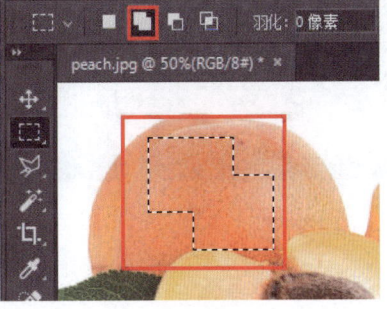

图 2-6　添加到选区

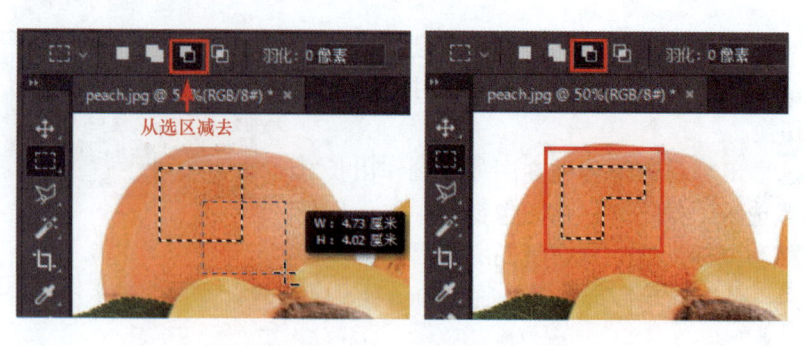

图 2-7　从选区减去

（4）与选区交叉：使原有选区和新建选区相交的部分成为最终的选择范围，如图 2-8 所示。

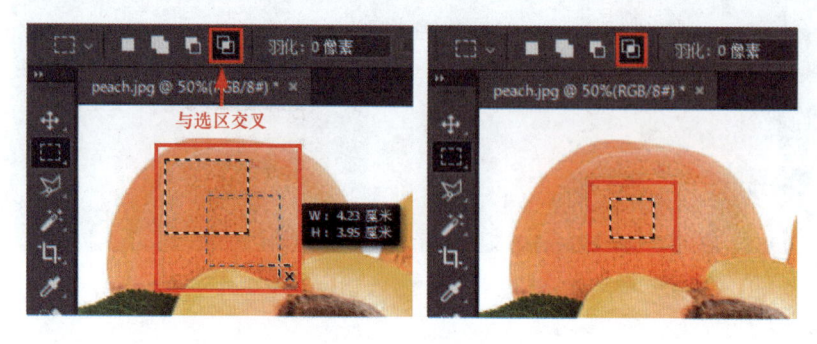

图 2-8　与选区交叉

2. 羽化和消除锯齿

（1）羽化

羽化参数可以有效地消除选择区域中的硬边界并将它们柔化，使选择区域的边界产生朦胧渐隐的过渡效果。该参数的取值范围是 0 ～ 1000 像素，取值越大，选区的边界越朦胧。羽化命令是进行图像合成处理中经常用到的功能，能够使图像边界柔和过渡，效果自然。羽化值为 0 像素、10 像素和 20 像素的效果，分别如图 2-9、图 2-10、图 2-11 所示。

图 2-9　羽化值为 0 像素　　　图 2-10　羽化值为 10 像素　　　图 2-11　羽化值为 20 像素

（2）消除锯齿

"消除锯齿"选项未勾选时，选取的图像边缘存在明显的锯齿状；勾选"消除锯齿"选项时，选取的图像边缘不会出现锯齿状，效果如图 2-12、图 2-13 所示。

图 2-12　边缘存在锯齿状

图 2-13　边缘未存在明显锯齿状

"消除锯齿"复选框是非常重要的一个选项，通常都要选中，它的作用是使选区的边缘平滑。当使用矩形选框工具时，"消除锯齿"复选框是不可选的。

3. 样式

样式下拉菜单中提供了 3 种样式。

（1）正常

默认的选择样式，最为常用，在这种样式下，可以用鼠标创建长宽任意的矩形选区，如图 2-14 所示。

图 2-14　正常

（2）固定比例

在这种样式下，可为矩形选区设定任意的宽高比，只要在对应的宽度和高度参数框中输入需要的宽高比即可。在默认的状态下，宽度和高度的比值为 1:1，如图 2-15 所示。

图 2-15　固定比例

17

(3) 固定大小

在这种方式下，可以通过直接输入宽度值和高度值来精确定义矩形选区的大小，如图 2-16 所示。

图 2-16 固定大小

4. 创建或调整选区

创建选区后，单击"选择并遮住"按钮，进入快速选择工具界面，在这里可以进行透明度、边缘检查、全局调整、输出设置等操作，如图 2-17 所示。

图 2-17 创建或调整选区

三、变换与变形

在编辑菜单中提供了多种变换／变形的命令，包括：内容识别缩放、操控变形、透视变形、自由变换、变换。

下面详细介绍"自由变换"和"变换"两个命令。

1. 自由变换

执行"编辑"→"自由变换"命令，将出现 8 个控制点和 1 个中心点，如图 2-18 所示。

"自由变换"命令可用于在一个连续的操作中应用变换（旋转、缩放、斜切、扭曲和透视），也可以应用变形变换。不必选取其他命令，只需应用快捷键，即可在变换类型之间进行切换。

项目二 图像选取与变换

图 2-18 自由变换

自由变换的操作方法如下。
（1）选择要变换的对象。
（2）执行"编辑"→"自由变换"命令。
（3）执行下列一个或多个操作。

- 按住 Ctrl 键并单击。拖动变形框四角任一角点时，图像为其他 3 点不动的自由扭曲四边形，拖动变形框四边任一中间点时，图像为对边不变的自由平行四边形。
- 按住 Shift 键并单击。拖动变形框四角任一角点时，对角点位置不变，图像为等比例放大或缩小，也可翻转图形，光标在变形框外弧形拖动时，图像可作 15 增量的旋转角度，可作 90°、180°顺逆旋转。
- 按住 Alt 键并单击。拖动变形框四角任一角点时，图像为中心位置不变，放大或缩小的自由矩形，也可翻转图形；拖动变形框四边任一中间点时，图像为中心位置不变，等高或等宽的自由矩形。
- 按住 Ctrl + Shift 组合键并单击。拖动变形框四角任一角点时，图像可变为直角梯形，角点只可在坐标轴方向上移动；拖动变形框四边任一中间点时，图像可变为等高或等宽的自由平行四边形，中间点只可在坐标轴方向上移动。
- 按住 Ctrl + Alt 组合键并单击。拖动变形框四角任一角点时，图像为相邻两角位置不变的菱形；拖动变形框四边任一中间点时，图像为相邻两边中间点位置不变的菱形。
- 按住 Shift + Alt 组合键并单击。拖动变形框四角任一角点时，图像为中心位置不变，等比例放大或缩小的矩形；拖动变形框四边任一中间点时，图像为中心位置不变，等高或等宽的自由矩形。
- 按住 Ctrl + Shift + Alt 组合键并单击。拖动变形框四角任一角点时，图像可变为等腰梯形、三角形或相对等腰三角形；拖动变形框四边任一中间点时，图像可变为中心位置不变，等高或等宽的自由平行四边形。

（4）执行下列操作之一。
- 确认变换：按 Enter 键，单击选项栏中的"提交" ✓ 按钮，或在变换选框内双击。

- 取消变换：按 Esc 键或单击选项栏中的"取消" ⊘ 按钮。

2. 变换

（1）缩放

执行"编辑"→"变换"→"缩放"命令，图像会出现 8 个控制点，按住鼠标左键同时拖动 4 个角的控制点，可以进行纵向或者横向的放大或缩小，如图 2-19 所示。

（2）旋转

执行"编辑"→"变换"→"旋转"命令，图像会出现 8 个控制点，将光标放到 4 个角的任意一个控制点上，当其变为弧形的双箭头形状时，按住鼠标左键拖动即可进行旋转，如图 2-20 所示。

图 2-19　缩放 　　　　　　　　　　　　图 2-20　旋转

（3）斜切

执行"编辑"→"变换"→"斜切"命令，图像会出现 8 个控制点，将光标放到 4 个角的任意一个控制点上，进行斜切操作，如图 2-21 所示。

（4）扭曲

执行"编辑"→"变换"→"扭曲"命令，图像会出现 8 个控制点，将光标放到 4 个角的任意一个控制点上，可进行水平方向的扭曲操作；将光标放在左、右控制点上，可进行垂直方向的扭曲，如图 2-22 所示。

图 2-21　斜切 　　　　　　　　　　　　图 2-22　扭曲

（5）透视

执行"编辑"→"变换"→"透视"命令，图像会出现 8 个控制点，将光标放到 4 个角的任意一个控制点上，可产生透视的效果，如图 2-23 所示。

（6）变形

执行"编辑"→"变换"→"变形"命令，图像会出现 8 个控制点，将光标放到 4 个角的任意一个控制点上，可进行任意形状的变形，如图 2-24 所示。也可以使用 Photoshop CC 自带的形状并设置相关参数进行快速变形，如图 2-25 所示。

图 2-23 透视

图 2-24 变形

四、网格

网格的主要功能是对齐对象。借助网格可以更精准地确定绘制对象的位置，尤其是在制作标志、绘制像素图时，网格更是必不可少的辅助工具。

执行"视图"→"显示"→"网格"命令，出现网格，如图 2-26 所示。在默认情况下，网格显示为不可打印出来的线条。

图 2-25 快速变形

图 2-26 网格

任务一　利用选区运算制作灯笼

一、任务目标及效果说明

通过学习移动工具、选框工具，使用变换命令，结合选区运算，以及网格辅助等工具，制作灯笼。在本任务中，主要使用"选区运算"功能。本任务的素材如图2-27所示，完成的效果图如图2-28所示。

图 2-27　素材　　　　　　图 2-28　完成的效果图

二、制作步骤

（1）执行"文件"→"新建"命令，新建一个600像素×800像素，分辨率为72像素/英寸的文件，如图2-29所示。

图 2-29　新建文件

（2）单击"图层"面板下方的"创建新图层"按钮，创建一个新图层，并将其重新命名为"灯笼主体"，如图 2-30 所示。

（3）执行"视图"→"显示"→"网格"命令，显示网格。

（4）执行"编辑"→"首选项"→"参考线、网格和切片"命令，设置"网格间隔"与"子网格"，如图 2-31 所示。

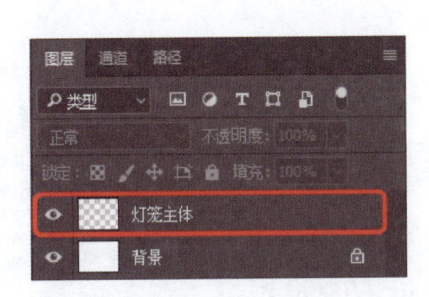

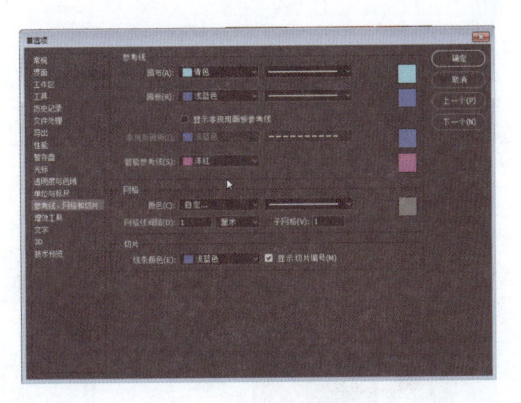

图 2-30　创建"灯笼主体"图层　　　　图 2-31　设置网格间隔与子网格

（5）使用"移动工具"选中"矩形选框工具"。单击选项栏中的"新选区"，在网格辅助下绘制矩形选区，如图 2-32 所示。

（6）接下来，单击选项栏中的"添加到选区"，在网格辅助下绘制新矩形选区，如图 2-33 所示。

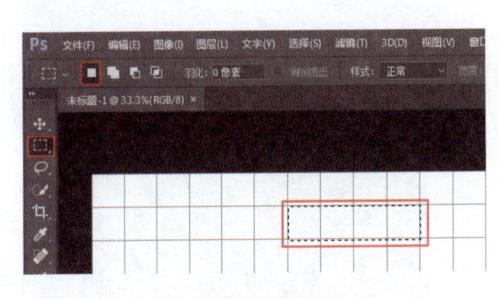

图 2-32　新建矩形选区　　　　图 2-33　添加选区

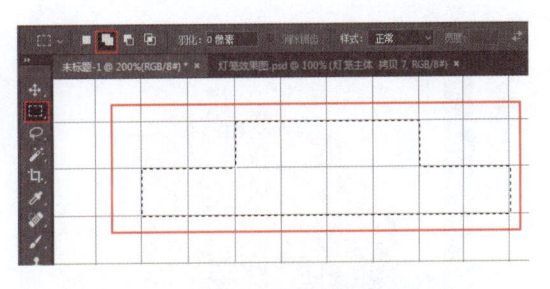

（7）使用"移动工具"选中"椭圆选框工具"，绘制椭圆，如图 2-34 所示。

（8）使用"移动工具"选中"矩形选框工具"，单击选项栏中的"添加到选区"，在网格辅助下绘制灯笼底部的选区，如图 2-35 所示。

（9）使用"移动工具"单击"设置前景色"，弹出"拾色器（前景色）"对话框，将 R 值设置为 255，如图 2-36、图 2-37 所示。

（10）使用"移动工具"选中"油漆桶工具"，将灯笼主体填充为红色，如图 2-38 所示。

（11）单击"图层"面板下方的"创建新图层"按钮，创建一个新图层，并将其重新命名为"灯笼须"，如图 2-39 所示。

Photoshop CC
图像处理项目教程

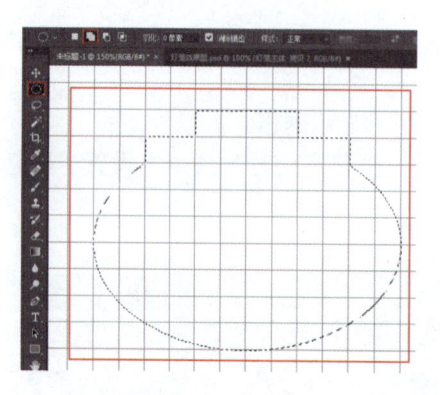

图 2-34 绘制椭圆选区

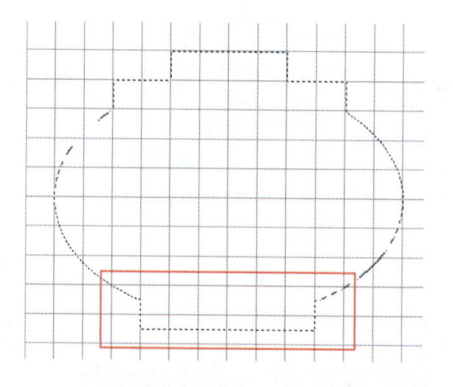

图 2-35 绘制灯笼底部的选区

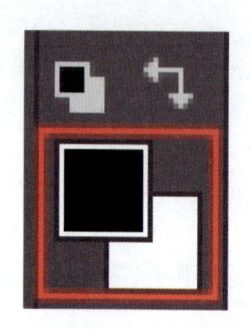

图 2-36 单击设置前景色

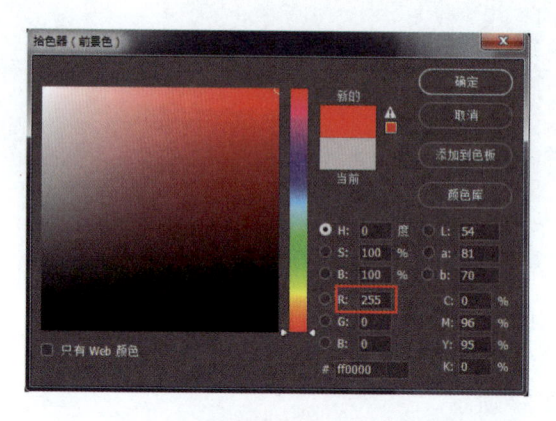

图 2-37 设置前景色为红色

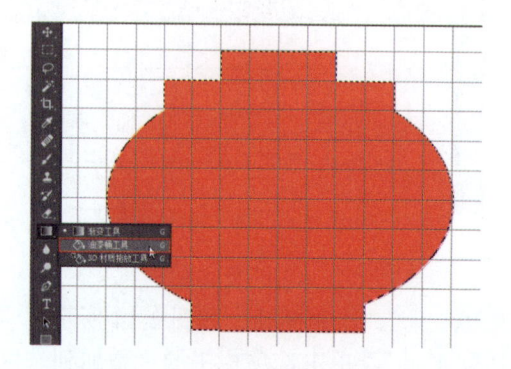

图 2-38 灯笼主体填充为红色

图 2-39 创建"灯笼须"图层

（12）使用"移动工具"选中"矩形选框工具"，单击选项栏中的"新选区"，在网格辅助下绘制矩形选区，如图 2-40 所示。

（13）使用"移动工具"单击"设置前景色"，弹出"拾色器（前景色）"对话框，将 R 值设置为 255，G 值设置为 255，并进行填充，如图 2-41、图 2-42 所示。

项目二 图像选取与变换

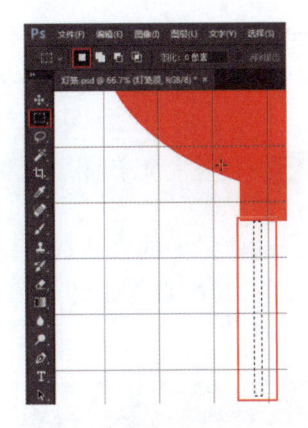

图 2-40 绘制灯笼须选区

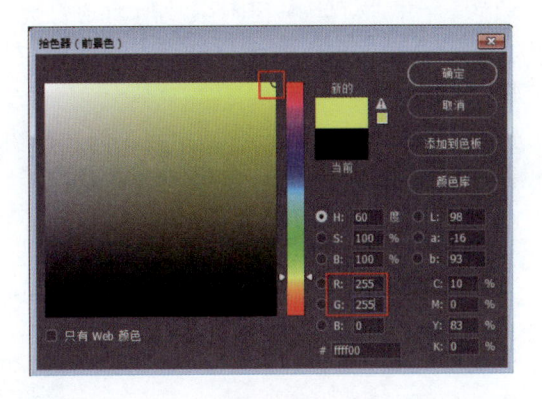

图 2-41 设置前景色为黄色

（14）执行"编辑"→"变换"→"变形"命令，对矩形选区进行变形，确定变形形状后，单击选项栏中的"提交变换（Enter）"按钮 ✓，如图 2-43 所示。

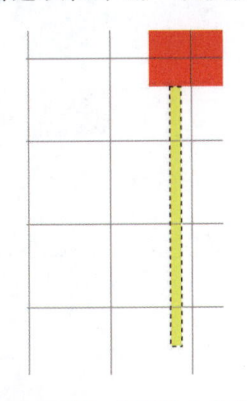

图 2-42 将灯笼须填充为黄色

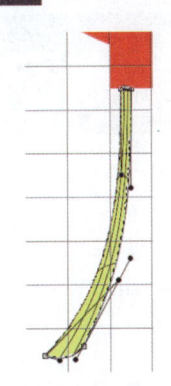

图 2-43 进行变形

（15）使用"移动工具"单击"灯笼须"图层，单击鼠标右键，选择"复制图层"命令复制图层，并多次复制，得到想要的效果。

（16）将"灯笼须"图层及所有"灯笼须拷贝"图层选中，单击选项栏中的"顶对齐"，如图 2-44、图 2-45 所示。

图 2-44 顶对齐

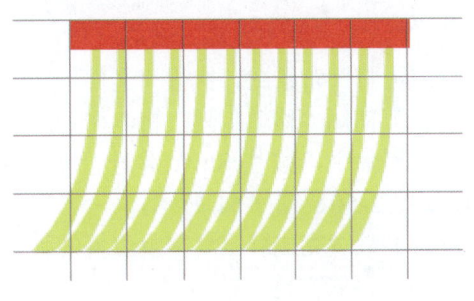

图 2-45 灯笼须对齐

25

（17）合并"灯笼须"图层及所有"灯笼须拷贝"图层。选中所有有关"灯笼须"的图层，单击鼠标右键，选择"合并图层"，得到一个新图层，将其重新命名为"灯笼主体"。

（18）单击"图层"面板下方的"创建新图层"按钮，创建一个新图层，并将其重新命名为"灯笼顶部"，如图2-46所示。

（19）使用"移动工具"选中"矩形选框工具"，单击选项栏中的"新选区"在网格辅助下绘制选区，然后单击选项栏中的"从选区减去"，得到灯笼顶部的选区，如2-47所示。

图 2-46　创建"灯笼顶部"图层　　　　图 2-47　绘制灯笼顶部选区

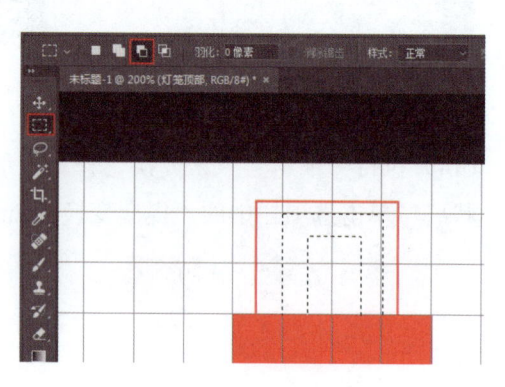

（20）用同样的方法，将灯笼顶部的选区填充为红色，如2-48所示。最终得到灯笼的整体效果图，如图2-49所示。

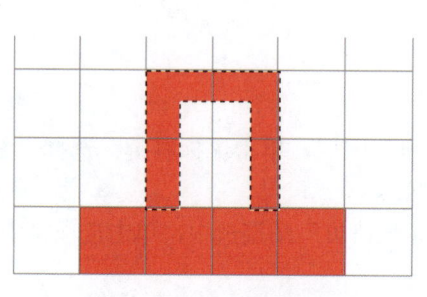

图 2-48　灯笼顶部的选区填充为红色　　　　图 2-49　灯笼整体效果图

（21）打开背景图。执行"文件"→"打开"命令，打开素材。

（22）使用"移动工具"将制作好的灯笼移入"背景"文件，执行"编辑"→"自由变换"命令，按住 Shift 键进行等比缩放，同时调整大小，将其移到适当的位置，如图2-50、图2-51所示。

（23）继续完成灯笼复制及位置的移动，得到最终效果图，如图2-52所示。

（24）存储文件。执行"文件"→"存储为"命令，选择存放位置，并选择保存类型为 JPEG 格式，在弹出的"JPEG 选项"对话框中设置图像（如图2-53所示）后，完成文件的保存。

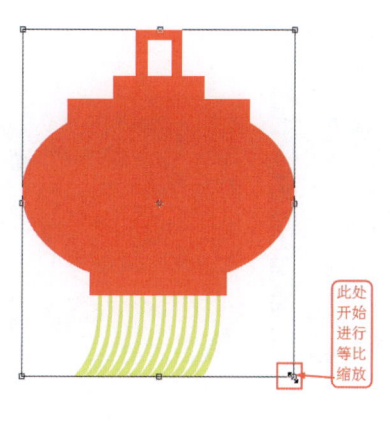

图 2-50 等比缩放   　　　　　　　图 2-51 移动灯笼

图 2-52 最终效果图　　　　　　　图 2-53 图像设置

> **操作技巧**
>
> 　　要进行变换，首先选择要变换的项目，然后选择变换命令。必要时，可在处理变换之前调整参考点。另外，变换功能对于背景层是不起作用的。

任务二　利用变换制作礼品包装盒

一、任务目标及效果说明

　　通过学习图像移动的方法，以及图像旋转、变换、变形操作，制作礼品包装盒。在本任务中，主要使用 Photoshop CC 中的"变换"→"变形"命令，使读者熟练掌握"变换"下"缩放""旋转""斜切""扭曲""透视""变形"等操作。本任务的素材如图 2-54 所示，完成的效果图如图 2-55 所示。

27

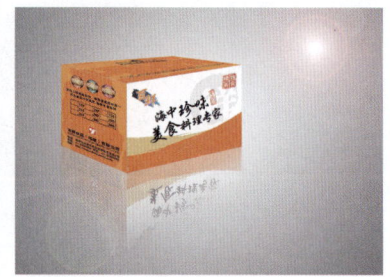

图 2-54　素材　　　　　　　　　　　　　　　　图 2-55　完成的效果图

二、制作步骤

（1）执行"文件"→"新建"命令，新建一个 A4 大小的横向画面，分辨率为 300 像素/英寸，如图 2-56 所示。

图 2-56　新建文件

（2）双击"图层"面板的背景图层，解锁背景图层，如图 2-57 所示。

（3）单击工具栏中的"渐变工具"按钮，在渐变属性栏中选择径向渐变，单击属性栏中的"编辑渐变"按钮，在弹出的"渐变编辑器"对话框中调整渐变颜色，如图 2-58、图 2-59 所示。

（4）执行"文件"→"打开"命令，打开包装平铺图，如图 2-60 所示。

（5）单击工具栏中的"矩形选框工具"按钮，将包装盒的 3 个面逐个选择并移动至文件"利用变换制作礼品包装盒"中，每个面的图层独立，如图 2-61 所示。

（6）分别选择各面，执行"编辑"→"变换"→"扭曲"命令，包装图像周围出现变换框，分别拖动 4 角的控制手柄，改变包装图片的倾斜角，按 Enter 键确定操作，如图 2-62 所示。

项目二 图像选取与变换

图 2-57 解锁背景图层

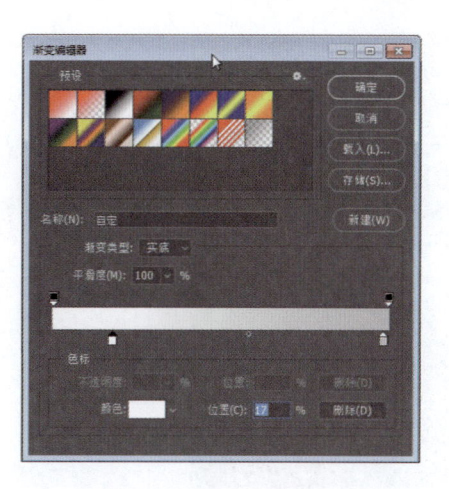

图 2-58 调整渐变颜色

图 2-59 背景渐变

图 2-60 打开包装平铺图

图 2-61 分解包装盒的 3 个面

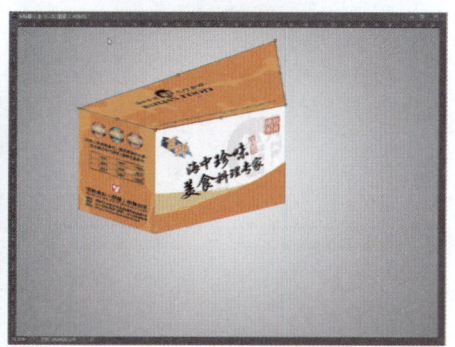

图 2-62 变换后效果

（7）分别选中"图层 1"和"图层 3"，单击鼠标右键，复制图层，执行"编辑"→"变换"→"垂直翻转"命令，将包装图片进行垂直翻转。将图形拖到适当位置，按 Enter 键确定操作，如图 2-63、图 2-64 所示。

29

图 2-63　复制图层　　　　　　　　　图 2-64　变换后效果

（8）单击"图层"面板下方的"添加图层蒙版"按钮，为复制出来的图层添加蒙版，如图 2-65 所示。

（9）选择"渐变"工具，单击属性栏中的"编辑渐变"按钮，弹出"渐变编辑器"对话框，将渐变色设为从白色到黑色，如图 2-66 所示。单击"确定"按钮。在属性栏中选择"线性渐变"，在图像窗口中从中心向下方拖动渐变色，如图 2-67 所示。

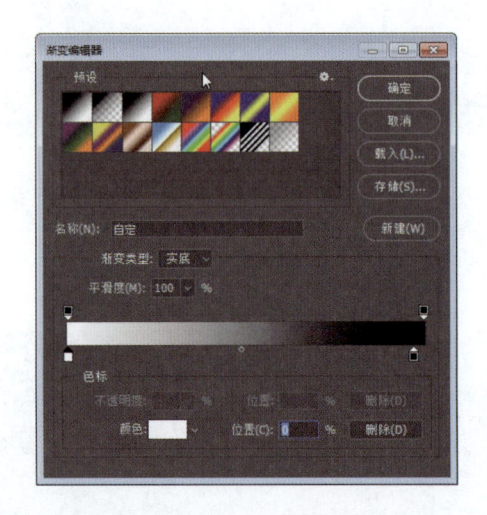

图 2-65　图层面板　　　　　　　　　图 2-66　渐变编辑器

（10）选择"背景图层"，执行"滤镜"→"渲染"→"镜头光晕"命令，调整光晕方向，如图 2-68 所示，完成最终效果如图 2-55 所示。

项目二　图像选取与变换

图 2-67　渐变后效果　　　　　　　　　　图 2-68　镜头光晕面板

任务三　制作百事可乐商标

一、任务目标及效果说明

通过学习魔棒工具、文字工具、文字栅格化，掌握图像变换的操作方法，制作经典的百事可乐商标。在本任务中，主要使用"变换"→"变形"命令。

本任务的素材如图 2-69 所示，制作如图 2-70 所示的百事可乐商标。通过利用"矩形选框工具"绘制选区，利用"变换"命令对选区进行变换操作，以及使用文字工具输入相应文字，完成百事可乐商标的制作。

图 2-69　素材　　　　　　　　　　图 2-70　完成的效果图

二、制作步骤

（1）执行"文件"→"新建"命令，新建一个 800 像素 ×600 像素，分辨率为 200 像素 / 英寸的 CMYK 模式的文件，如图 2-71 所示。

（2）执行"视图"→"显示"→"网格"命令，显示网格。执行"编辑"→"首选项"→"参考线、网格和切片"命令，设置"网格间隔"与"子网格"，如图 2-72 所示。

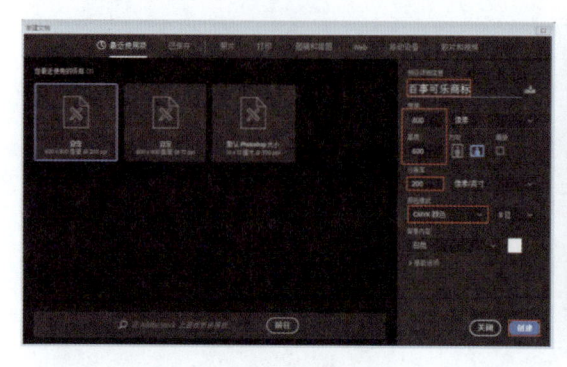

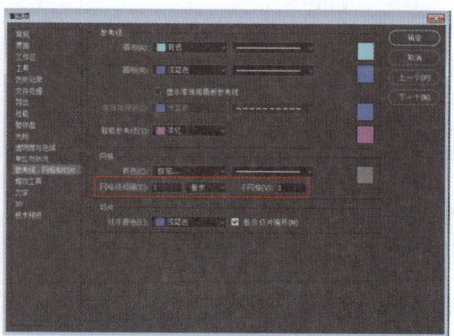

图 2-71　创建文件　　　　　　　　图 2-72　设置"网格间隔"与"子网格"

（3）执行"视图"→"标尺"命令，显示标尺。

（4）单击"图层"面板下方的"创建新图层"按钮，创建一个新图层，将其重新命名为"梯形"，如图 2-73 所示。

（5）使用"移动工具"选中"矩形选框工具"。单击选项栏中的"新选区"，在网格辅助下绘制矩形选区，如图 2-74 所示。

图 2-73　创建"梯形"图层　　　　　　图 2-74　新建矩形选区

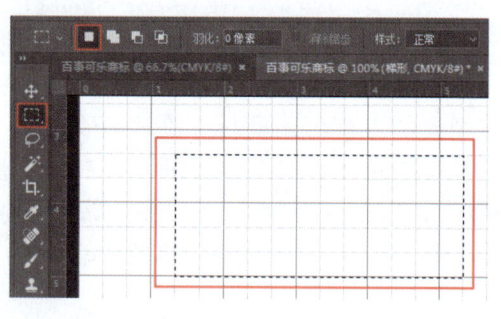

（6）使用"移动工具"单击"设置前景色"，弹出"拾色器（前景色）"对话框，将 R 值设置为 255，如图 2-75 所示。

（7）使用"移动工具"选中"油漆桶工具"，将选区填充为红色，如图 2-76 所示。

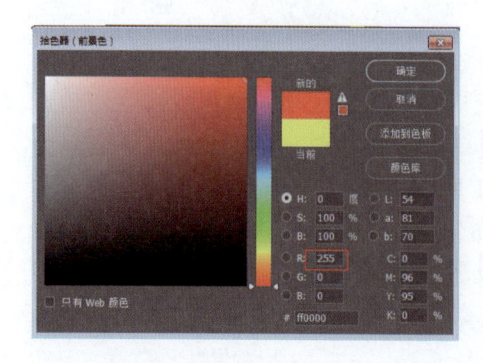

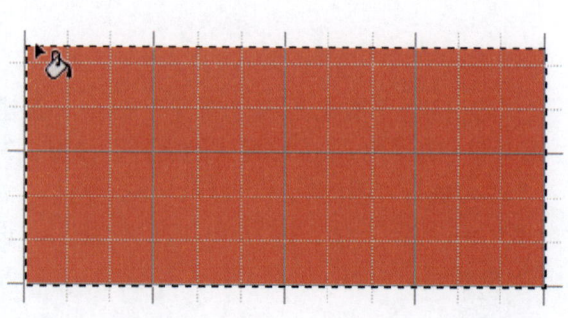

图 2-75　设置前景色为红色　　　　　图 2-76　将矩形选区填充为红色

项目二　图像选取与变换

（8）执行"编辑"→"自由变换"命令，单击鼠标右键，选择"斜切"，将左下角的控制点向左水平移动，如图 2-77 所示。

（9）单击"图层"面板下方的"创建新图层"按钮 ，创建一个新图层，将其重新命名为"圆"，如图 2-78 所示。

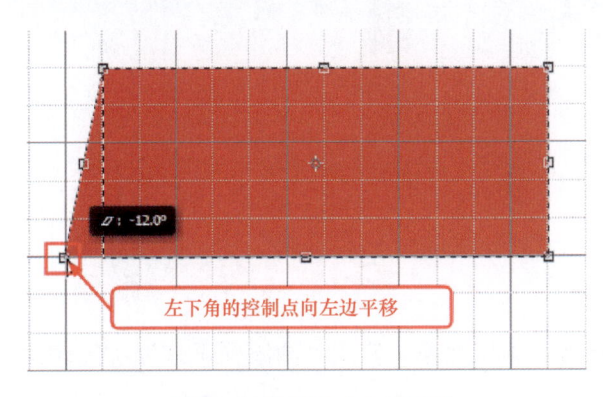

图 2-77　控制点向左边平移

图 2-78　创建"圆"图层

（10）使用"移动工具"拉出水平参考线与垂直参考线，并将水平参考线与垂直参考线相交的点作为圆心，如图 2-79 所示。

（11）同时按住 Alt+Shift 组合键，绘制正圆，并将圆与左边梯形的右上角控制点、右下角控制点相交，如图 2-80 所示。

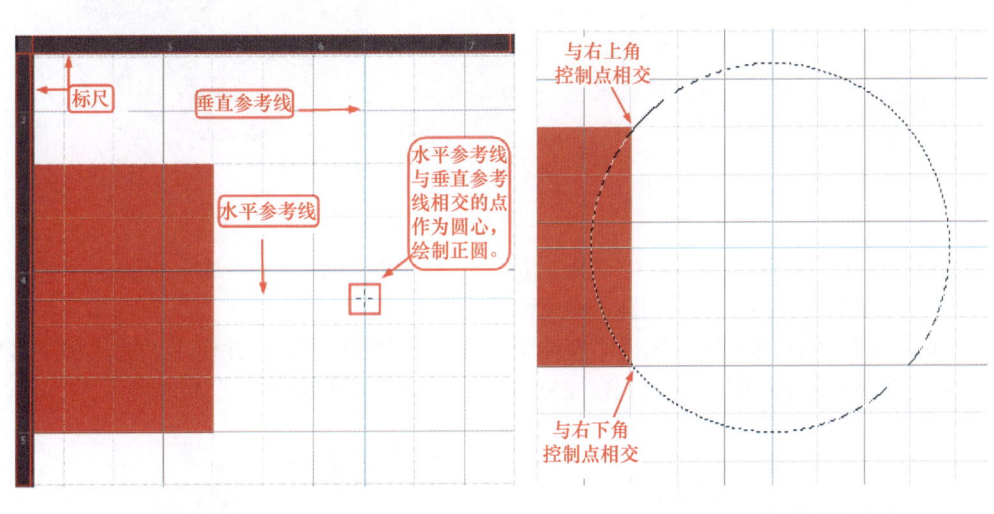

图 2-79　确定圆心

图 2-80　圆与控制点相交

（12）使用"移动工具"选中"梯形"图层，按 Delete 键，将选中的区域删除；执行"选择"→"变换选区"命令，如图 2-81 所示。

（13）使用"移动工具"选择右下角控制点，由外向内进行变换选区，如图 2-82、图 2-83 所示。

33

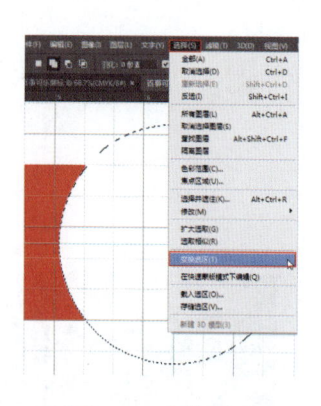

图 2-81　变换选区

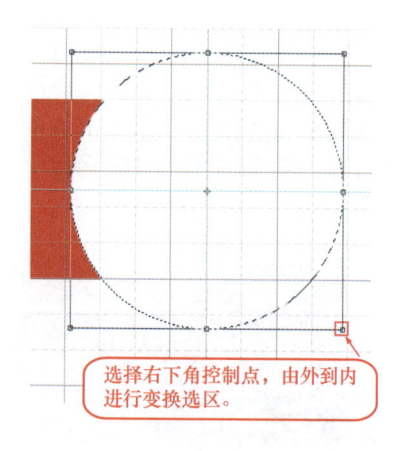

图 2-82　由外向内变换选区

（14）确定选区大小后，按 Enter 键，确定变换。使用"油漆桶工具"，将选区填充为红色，如图 2-84 所示。

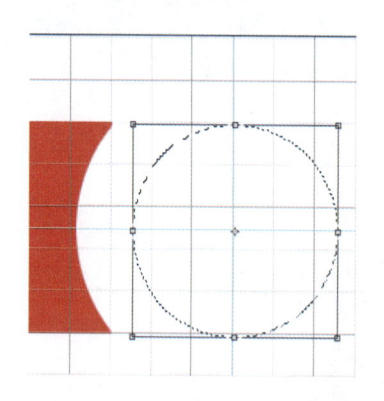

图 2-83　变换选区

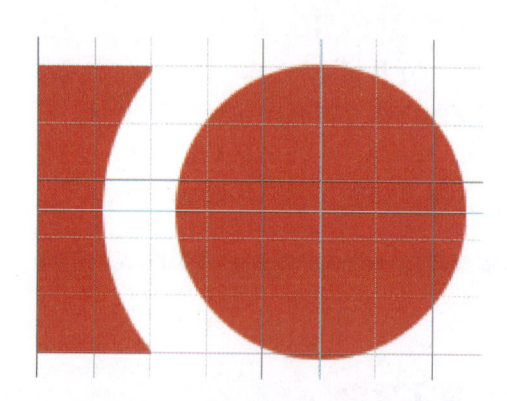

图 2-84　将选区填充为红色

（15）使用"移动工具"选中"矩形选框工具"在圆中心水平线上绘制矩形选区，并按 Delete 键，删除选区，如图 2-85 所示。

（16）使用"移动工具"选择"魔棒工具"，将下半圆选中，并使用"油漆桶工具"将其填充为蓝色（R：0，G：0，B：255），如图 2-86、图 2-87、图 2-88 所示。

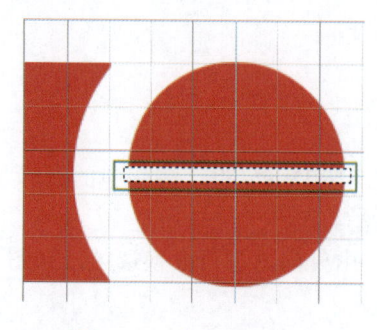

图 2-85　删除选区

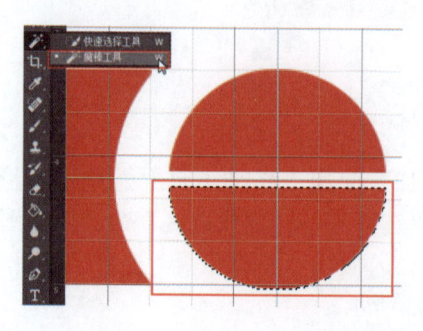

图 2-86　使用魔棒工具选择下半圆

项目二　图像选取与变换

图 2-87　设置前景色为蓝色

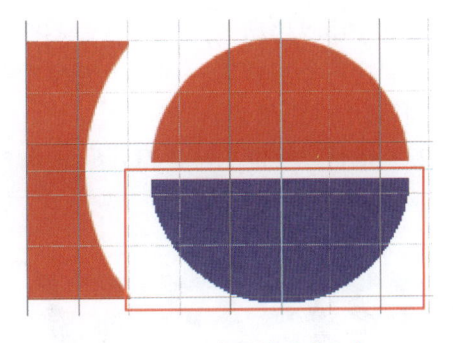

图 2-88　下半圆填充为蓝色

（17）使用"魔棒工具"，将上（下）半圆选中，单击鼠标右键，选择"变形"。

（18）使用"移动工具"，调整上（下）半圆的形状，确定形状后，按 Enter 键，如图 2-89 所示。

（19）使用"魔棒工具"，选中下半圆，执行步骤（17）、步骤（18），得到变形后的图形，如图 2-90 所示。

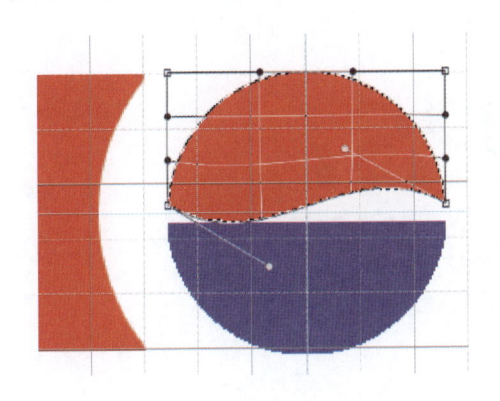

图 2-89　调整上半圆的形状

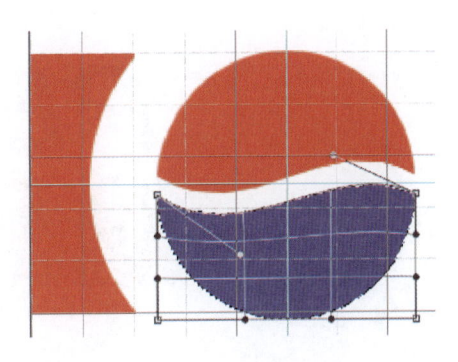

图 2-90　调整下半圆的形状

（20）使用"移动工具"选择"横排文字工具"，将文字字体设置为"Candara"、大小设置为"55 点"、字形设置为"加粗"、颜色设置为"蓝色"，输入文字"PEPSI"，如图 2-91、图 2-92 所示。

图 2-91　选择"横排文字工具"

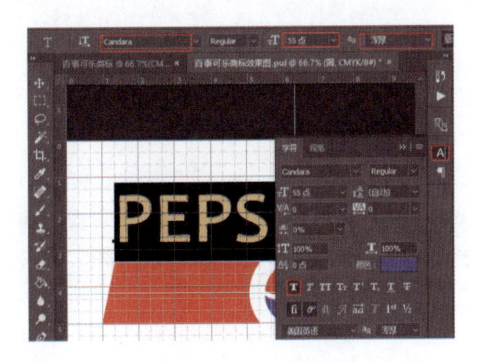

图 2-92　设置字体

35

（21）使用"移动工具"选中文字图层，单击鼠标右键，选择"栅格化文字"。

（22）执行"编辑"→"自由变换"命令，单击鼠标右键，选择"扭曲"，对文字进行变形操作，如图 2-93 所示。

（23）执行"文件"→"打开"命令，打开素材，选择背景图片，如图 2-94 所示。

图 2-93　文字变形　　　　　　　　　图 2-94　打开素材

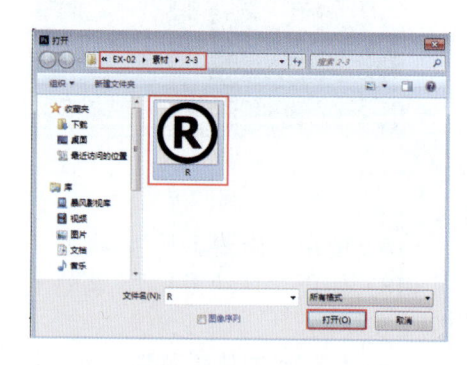

（24）使用"移动工具"将素材移入，调整大小和位置，如图 2-95 所示。

图 2-95　移入素材

（25）按 Ctrl+H 组合键，隐藏网格和参考线，得到最终效果图，如图 2-70 所示。

任务四　利用裁剪制作一寸照

一、任务目标及效果说明

通过学习"裁剪工具"命令，进行图片裁剪；通过学习"画布大小"命令，扩展画布的边界；通过学习"编辑"→"图案填充"命令，设置使用自定义图案。本任务的素材如图 2-96 所示，完成的效果图如图 2-97 所示。

二、制作步骤

（1）执行"文件"→"打开"命令，打开素材，如图 2-98 所示。

项目二　图像选取与变换

图 2-96　素材

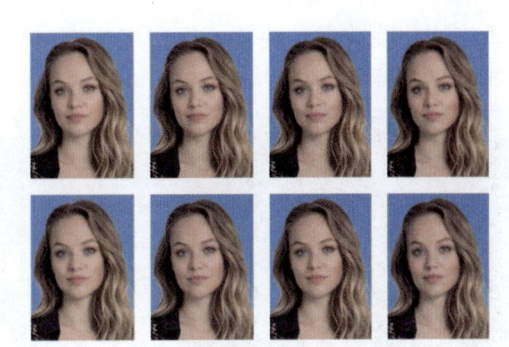

图 2-97　完成的效果图

图 2-98　打开素材

（2）打开人物素材后，界面如图 2-99 所示。

（3）选择工具栏中的"裁剪工具"，如图 2-100 所示；设置属性栏，调整裁剪框，设置宽度为 2.5cm，高度为 3.5cm，分辨率为 300 像素 / 厘米，效果如图 2-101 所示。

图 2-99　打开人物素材后的界面

图 2-100　裁剪工具

37

（4）适当调整裁剪框，使裁剪框在人物素材合适的位置上，按 Enter 键即可进行裁剪，裁剪后的效果如图 2-102 所示。

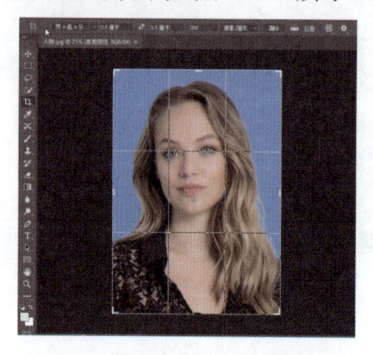

图 2-101　调整裁剪框　　　　　　　　图 2-102　裁剪后效果

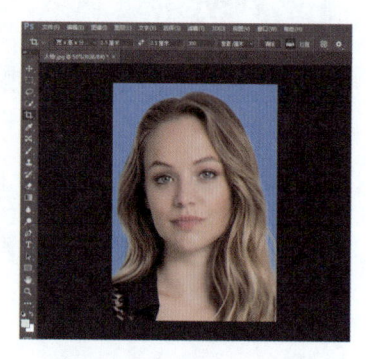

（5）单击"图像"→"画布大小"命令，设置画布相关参数，如图 2-103 所示，最终效果如图 2-104 所示。

图 2-103　设置画布参数　　　　　　　　图 2-104　画布扩展效果

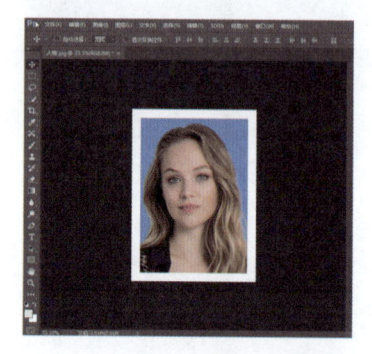

（6）执行"编辑"→"定义图案"命令，将图案名称命名为"一寸证件照"。
（7）执行"文件"→"新建"命令，新建文件并设置相关参数，如图 2-105 所示。

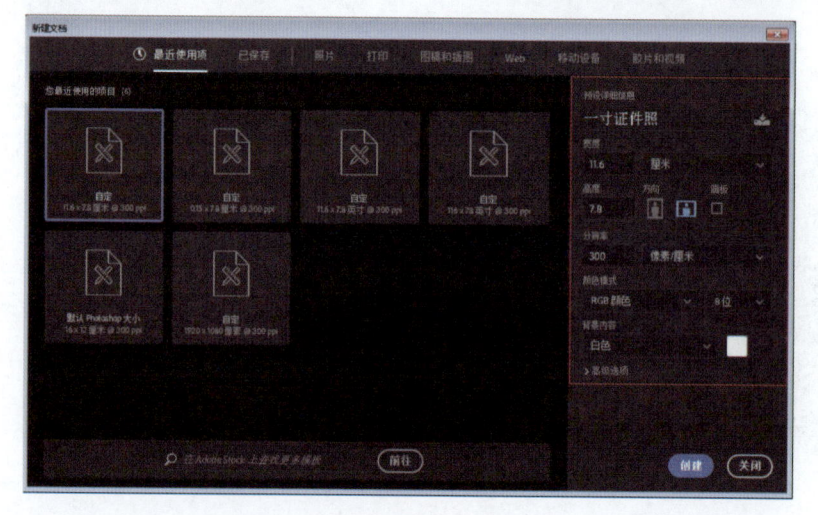

图 2-105　新建文件

（8）单击"编辑"→"填充"→"自定图案"右侧的下三角块，选择已定义好的一寸证件照图案，如图 2-106 所示，然后单击"确定"按钮，最终效果如图 2-97 所示。

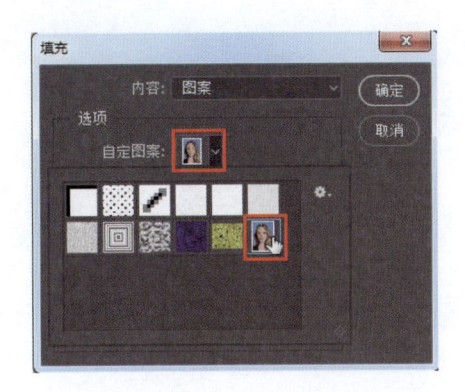

图 2-106　自定图案

习　　题

1. 应用"操控变形"命令，完成图像的调整操作（图 2-107 所示为素材，图 2-108 所示为效果图）。

图 2-107　素材

图 2-108　完成的效果图

2. 使用"变换"命令，完成植物贝壳的效果制作（图 2-109 所示为素材，图 2-110 所示为效果图）。

图 2-109　素材

图 2-110　完成的效果图

3. 利用变换与变形完成盒子的制作（图 2-111 所示为素材，图 2-112 所示为效果图）。

图 2-111　素材

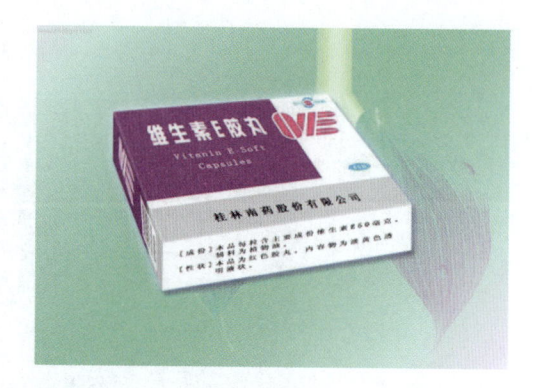

图 2-112　完成的效果图

项目三
图　　层

知识准备

一、图层

顾名思义，图层就是"图＋层"，图即为图像，层即为分层，也就是层叠的意思。

打个比方说，在一张张透明的玻璃纸上作画，透过上面的玻璃纸可以看见下面纸上的内容，但是无论在上一层上如何涂画都不会影响到下面的玻璃纸，上面一层会遮挡住下面的图像。最后将玻璃纸叠加起来，通过移动各层玻璃纸的相对位置或者添加更多的玻璃纸即可改变最后的合成效果，如图3-1所示。

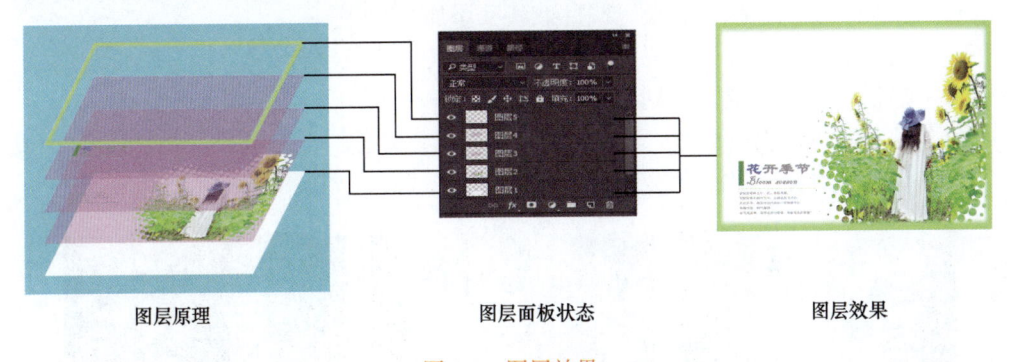

图层原理　　　　图层面板状态　　　　图层效果

图3-1　图层效果

二、图层分类

图层主要分为：背景图层、普通图层、调整图层、文字图层、形状图层、填充图层和智能对象图层，如图3-2所示。

> **提示**
>
> 智能对象实际上是一个指向其他Photoshop的指针，当更新源文件时，这种变化会自动反映到当前文件中。

三、图层混合模式

图层混合模式是Photoshop的核心功能之一，在图像处理过程中，这是最为常用的一种技术手段。通过使用混合模式来控制上下图层的混合效果，在设置混合效果的同时设置图层的不透明度，以创建各种图层特效，实现充满创新、创意的平面设计作品。

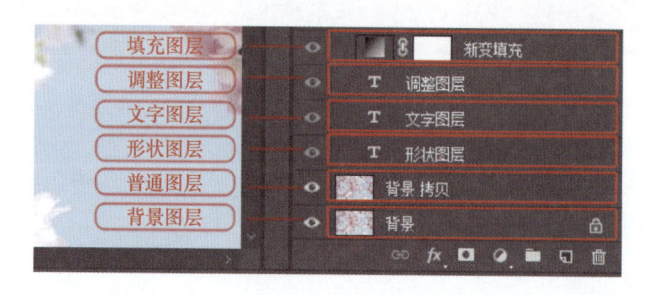

图 3-2　图层种类

Photoshop 中有 20 多种图层混合模式，每种模式都有其各自的运算公式。因此，对同样的两幅图像，设置不同的图层混合模式，得到的图像效果也是不同的。根据各混合模式的基本功能，大致分为以下 6 类。

（1）正常、溶解。
（2）变暗、正片叠底、颜色加深、线性加深、深色。
（3）变亮、滤色、颜色减淡、线性减淡（添加）、浅色。
（4）叠加、柔光、强光、亮光、线性光、点光、实色混合。
（5）差值、排除、减去、划分。
（6）色相、饱和度、颜色、明度。

图 3-3 所示为各图层混合模式的效果展示。

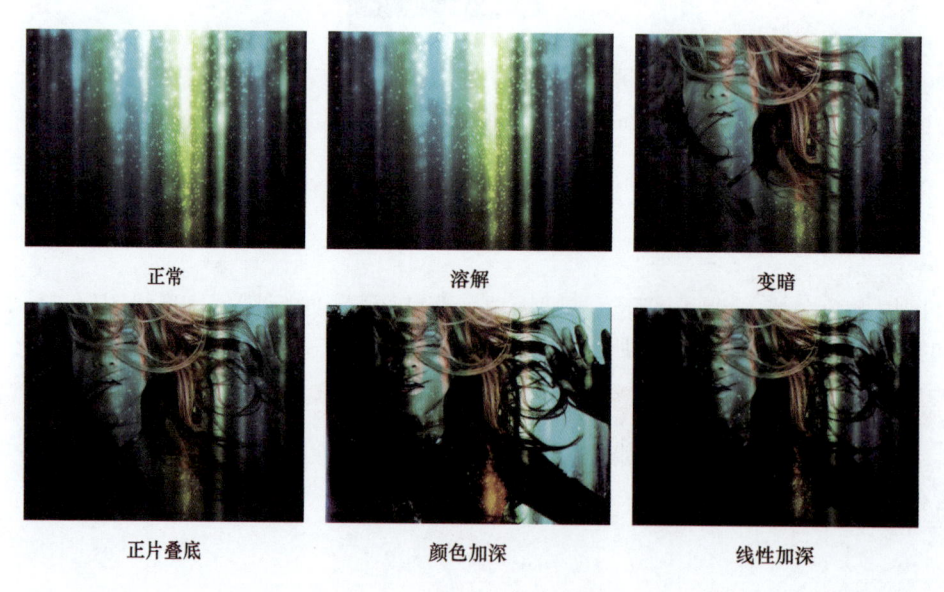

图 3-3　图层混合模式的效果

深色	变亮	滤色
颜色减淡	线性减淡（添加）	浅色
叠加	柔光	强光
亮光	线性光	点光
实色混合	差值	排除

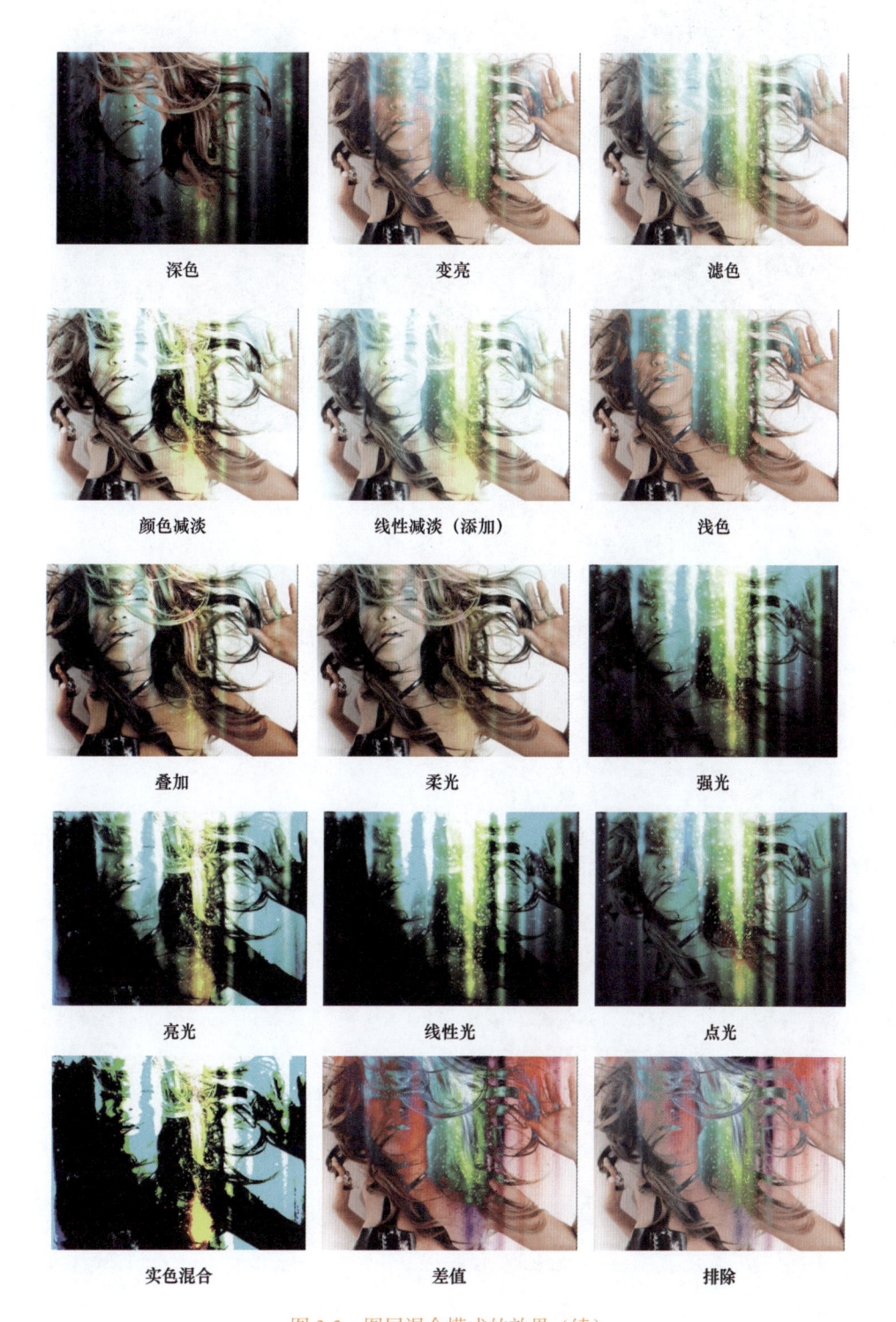

图 3-3　图层混合模式的效果（续）

减去　　　　　　　　　划分　　　　　　　　　色相

饱和度　　　　　　　　颜色　　　　　　　　　明度

图 3-3　图层混合模式的效果（续）

四、图层样式

Photoshop CC 提供了多种图层样式可供选择，是附加在图层上的"特殊效果"。可以单独为图像添加一种样式，也可同时为图像添加多种样式。图层样式命令包括：斜面和浮雕、描边、内阴影、内发光、光泽、颜色叠加、渐变叠加、图案叠加、外发光、投影等。

1. 图层样式命令

单击"图层"面板下的"添加图层样式"按钮 fx，在弹出的菜单中选择不同的图层样式命令，生成的效果图如图 3-4 所示。

原效果　　　　　　　外斜面　　　　　　　颜色叠加　　　　　　　渐变叠加

图案叠加　　　　　　外发光　　　　　　　投影　　　　　　　　浮雕效果

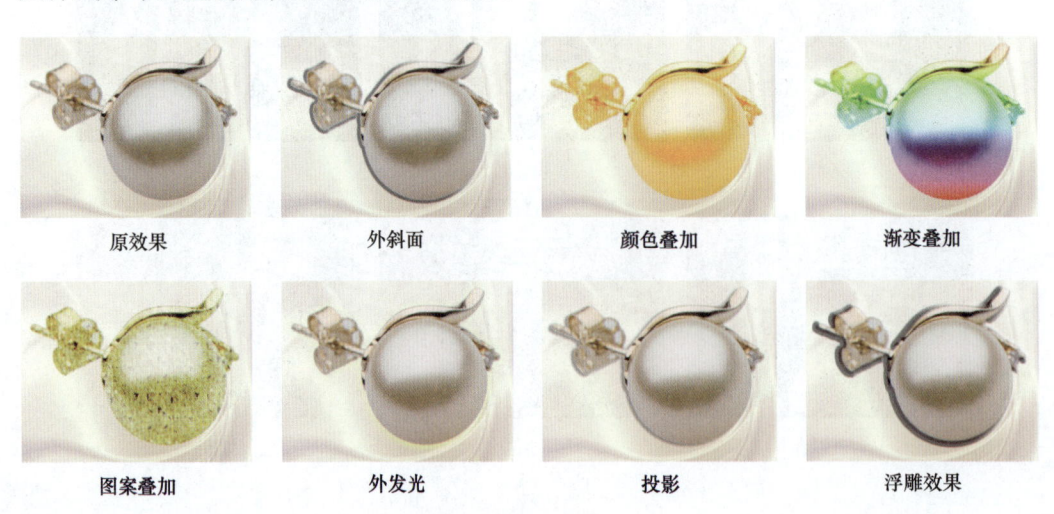

图 3-4　图层混合模式效果

44

| 描边 | 内阴影 | 内发光 | 光泽 |

图 3-4　图层混合模式效果（续）

2. 拷贝和粘贴图层样式

"拷贝图层样式"和"粘贴图层样式"命令是对多个图层应用相同样式效果的快捷方式。单击鼠标右键，在弹出的菜单中选择"拷贝图层样式"，再选择需要粘贴的图层，单击鼠标右键，在弹出的菜单中选择"粘贴图层样式"即可。

3. 清除图层样式

当对图像所应用的样式不满意时，可以将样式清除。选中需要清除样式的图层，单击鼠标右键，在弹出的菜单中选择"清除图层样式"，即可将图像中添加的样式清除。

任务一　制作奥运五环

一、任务目标及效果说明

通过本任务使读者熟练掌握移动工具、矩形选框、椭圆选框等工具的使用方法，并掌握颜色的选择和填充方法，最后通过"变换选区"、"通过拷贝的图层"等命令巧妙利用 Photoshop 软件的图层技术来制作奥运五环图像。完成的效果图如图 3-5 所示。

图 3-5　完成的效果图

二、制作步骤

（1）执行"文件"→"新建"命令，新建一个 800 像素×600 像素，分辨率为 72 像素/英寸的文件，如图 3-6 所示。

（2）单击"图层"面板下方的"创建新图层"按钮，创建一个新图层，并将其重新命名为"蓝环"，如图 3-7 所示。

（3）单击工具栏中的"椭圆选框工具"，并设置工具属性为固定大小，宽度 200 像素，高度 200 像素，在图像窗口中单击鼠标左键，创建一个圆形选区，如图 3-8 所示。

（4）单击工具栏中的"前景色"，将其颜色设置为蓝色（R：0，G：0，B：255），按 Alt+Delete 组合键将前景色蓝色填充到圆形选区内部。

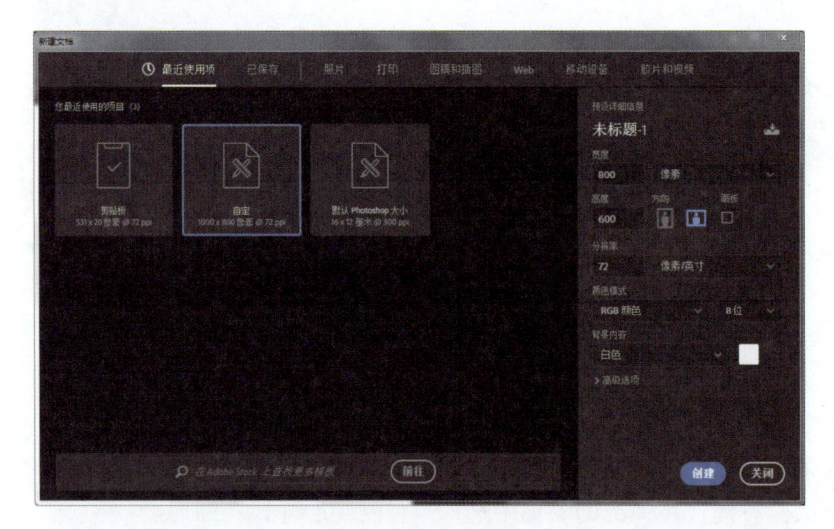

图 3-6　新建文件

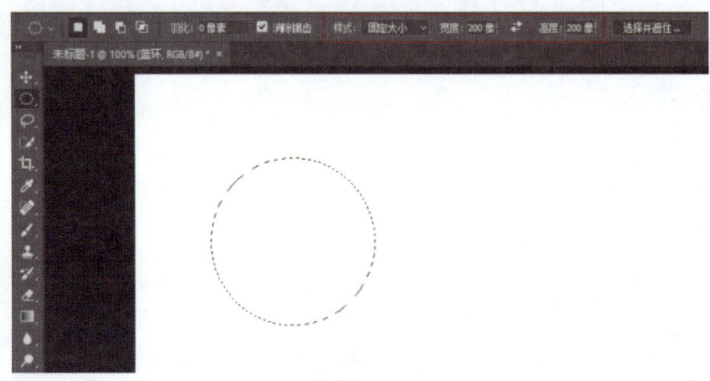

图 3-7　新建图层　　　　　图 3-8　利用"椭圆选框工具"创建圆形选区

（5）执行"选择"→"变换选区"命令。在选项栏中将宽度和高度设置为85%，确认退出，如图 3-9 所示。

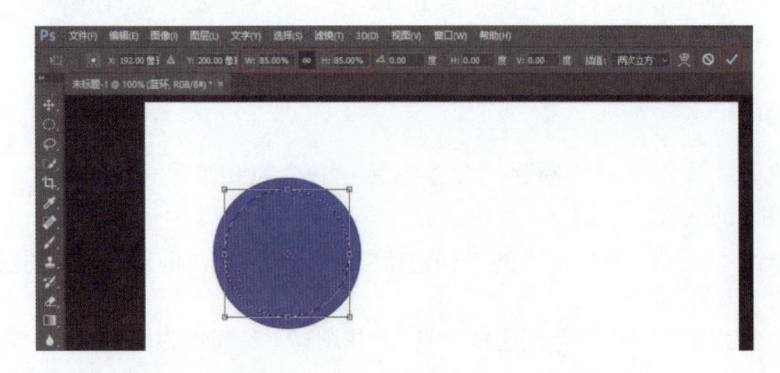

图 3-9　变换选区

（6）按 Delete 键删除选区内部的蓝色图像，并按 Ctrl+D 组合键取消圆形选区，如图 3-10 所示。

（7）重复步骤（2）～（6），分别制作出"黑环""红环""黄环"和"绿环"，颜色设置如下：黑色（R：0，G：0，B：0），红色（R：255，G：0，B：0），黄色（R：255，G：255，B：0），绿色（R：0，G：255，B：0）。使用"移动工具"将5个圆环摆放到合适的位置上。将"黄环"和"绿环"两个图层置于其他图层的上方，如图 3-11、图 3-12 所示。

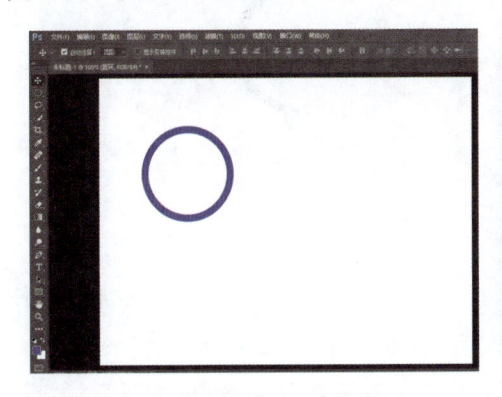

图 3-10　删除选区内部图像并取消选区　　图 3-11　制作其他 4 个不同颜色的圆环

（8）单击"蓝环"图层，将其设置为当前图层，选择工具栏中的"矩形选框工具"，在"蓝环"和"黄环"交叉的位置创建一个矩形选区，如图 3-13 所示。

图 3-12　将"黄环"和"绿环"图层置于上方　　图 3-13　创建矩形选区

（9）执行"图层"→"新建"→"通过拷贝的图层"命令，在图层面板中生成"图层1"，将"图层1"拖动到图层面板的最上方。

（10）单击"黑环"图层，将其设置为当前图层，使用"矩形选框工具"，在"黄环"和"黑环"交叉的位置创建一个矩形选区，如图 3-14 所示。使用"图层"→"新建"→"通过拷贝的图层"命令在图层面板中生成"图层2"，将"图层2"拖动到图层面板的最上方。

（11）单击"黑环"图层，将其设置为当前图层，使用"矩形选框工具"，在"黑环"和"绿环"交叉的位置创建一个矩形选区，如图 3-15 所示。执行"图层"→"新建"→"通过拷贝的图层"命令，在图层面板中生成"图层3"，将"图层3"拖动到图层面板的最上方。

（12）单击"红环"图层，将其设置为当前图层，使用"矩形选框工具"，在"绿环"和"红环"交叉的位置创建一个矩形选区，如图3-16所示。执行"图层"→"新建"→"通过拷贝的图层"命令，在图层面板中生成"图层4"，将"图层4"拖动到图层面板的最上方，得到最终效果图，如图3-5所示。

图3-14　创建矩形选区　　图3-15　创建矩形选区　　图3-16　创建矩形选区

（13）存储文件。执行"文件"→"存储为"命令，选择存放位置，并选择"保存类型"，完成文件的保存。

操作技巧

（1）使用"矩形选框工具"或者"椭圆选框工具"创建选区时，在选项栏样式为"正常"的情况下，按住Shift键不放同时拖动鼠标，可以创建正方形或者正圆形的选区。按住Alt键不放同时拖动鼠标，可以创建以鼠标单击位置为中心的正方形或者正圆形选区。

（2）使用Shift+M组合键可以循环选择"矩形选框工具"和"椭圆选框工具"。

（3）使用"变换选区"命令时，可以按下选项栏中的"保持长宽比"按钮，使选区的宽度和高度保持一致的变化。

任务二　利用图层样式制作水滴效果

一、任务目标及效果说明

通过本任务的学习，使读者理解水滴效果图像的制作技巧，并能够熟练掌握Photoshop图层样式的添加以及相关参数的设置方法，学会使用"套索""渐变""吸管"等工具和图层变换技术为图像制作高光效果。本任务的素材如图3-17所示，完成的效果图如图3-18所示。

二、制作步骤

（1）执行"文件"→"打开"命令，打开素材"荷花.jpg"，如图3-19所示。

（2）使用工具栏中的"椭圆选框工具"在荷叶上创建一个椭圆形的选区，如

图 3-20 所示。

图 3-17　素材　　　　　　　　　　　　　图 3-18　完成的效果图

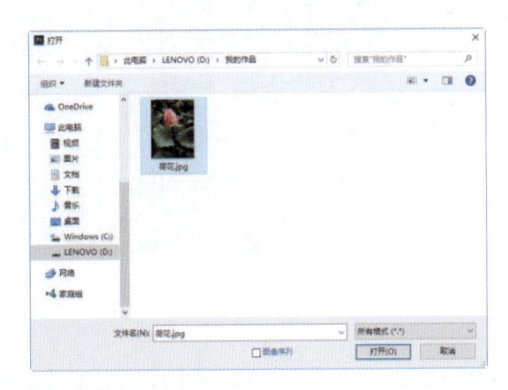

图 3-19　打开素材　　　　　　　　　　　图 3-20　创建选区

（3）执行"图层"→"新建"→"通过拷贝的图层"命令，生成"图层 1"。

（4）单击"图层"面板下方的"添加图层样式"按钮 fx，选择"内阴影"。

（5）在"图层样式"对话框中，设置"内阴影"的参数，如图 3-21 所示。并单击"混合模式"选项右边的"设置阴影颜色"按钮设置阴影颜色。

（6）接下来，将鼠标指针移动到图像中的荷叶上面，单击左键拾取荷叶中的绿色，按照图 3-22 设置颜色参数，并单击"确定"按钮退出。

（7）在"图层样式"对话框左侧，单击选中"投影"复选框，在右边按照图 3-23 设置相应的参数，并单击"混合模式"选项右边的按钮"设置阴影颜色"。

（8）接下来，把鼠标指针移动到图像中的荷叶上面，单击左键拾取荷叶中的绿色，按照图 3-24 设置颜色参数，并单击"确定"按钮退出。

（9）单击"图层"面板的"创建新图层"按钮，得到"图层 2"。再使用工具栏中的"套索"工具，在水珠偏左上角的位置创建选区，如图 3-25 所示。

49

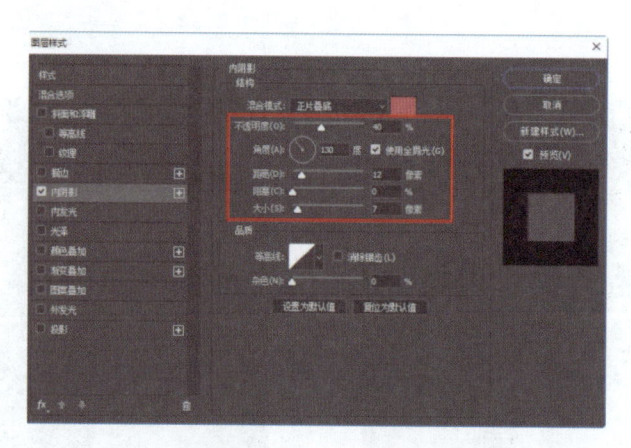

图 3-21 设置图层样式

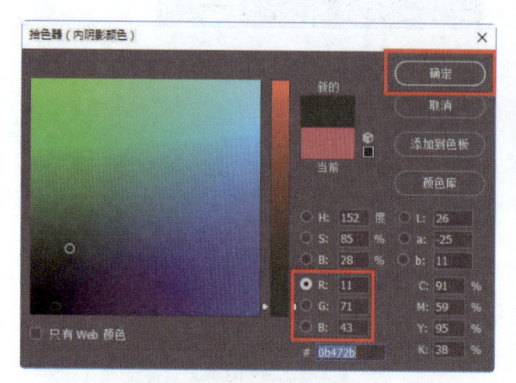

图 3-22 拾色器窗口参数设置 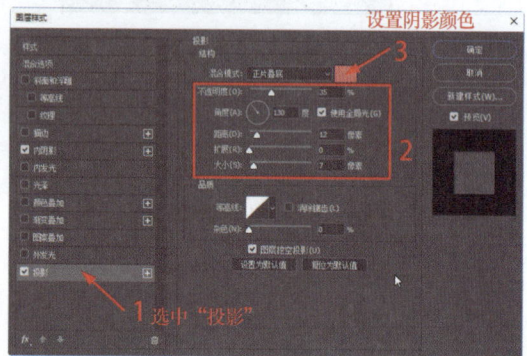　　　　图 3-23 设置"图层样式"对话框参数

图 3-24 拾色器窗口参数设置 　　　　图 3-25 创建选区

（10）将工具栏中的"前景色"设置为白色，选择工具栏中的"渐变工具"，再在窗口上方的选项栏中选择渐变样式：前景色到透明渐变。从选区的左侧拖动到右侧，如图 3-26、图 3-27 所示。

（11）在"图层"面板将"图层 2"拖动到"创建新图层"按钮上，得到"图层 2

项目三　图层

拷贝",再执行"编辑"→"变换"→"旋转 180 度"命令,使"图层 2 拷贝"中的图像旋转,最后使用"移动工具"把白色图像放置到水珠偏右下角的位置。如图 3-28、图 3-29、图 3-30 所示。

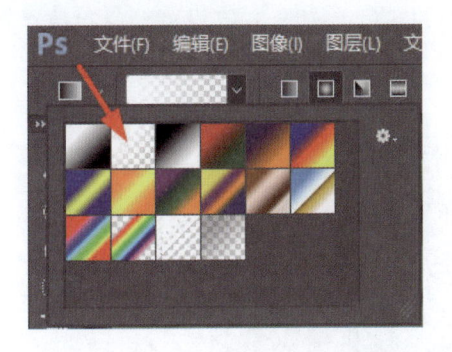

图 3-26　选择渐变样式 　　　　　图 3-27　填充渐变

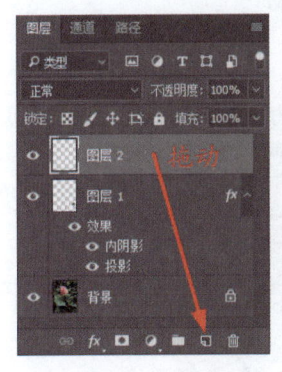

图 3-28　复制图层 　　图 3-29　得到图层副本 　　图 3-30　图像旋转

（12）在"图层"面板选择"背景"图层,使用"套索工具"在荷花图像上创建一个椭圆形选区,执行"图层"→"新建"→"通过拷贝的图层"命令,生成"图层 3",如图 3-31、图 3-32、图 3-33 所示。

图 3-31　选择背景图层 　　图 3-32　创建椭圆选区 　　图 3-33　使用"通过拷贝的图层"命令复制出图层 3

51

（13）单击"图层"面板下方的"添加图层样式"按钮 fx，选择"内阴影"，在"图层样式"对话框中按照图 3-34 设置"内阴影"的参数，并用鼠标左键单击"混合模式"选项右边的"设置阴影颜色"按钮。弹出"拾色器"窗口后，将鼠标指针移动到图像中的荷花上面，单击左键拾取荷花中的粉色，按图 3-35 设置颜色参数，并单击"确定"按钮退出。

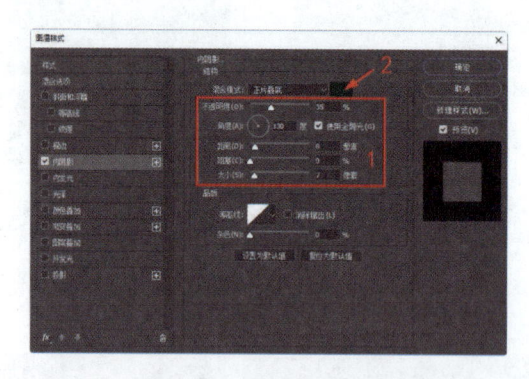

图 3-34　设置图层样式

图 3-35　拾色器窗口参数设置

（14）在"图层样式"对话框左侧，单击选中"投影"，在右边按照图 3-36 设置相应的参数，用鼠标左键单击"混合模式"选项右边的"设置阴影颜色"按钮。弹出"拾色器"窗口后，将鼠标指针移动到图像中的荷花上面，单击左键拾取荷花中的粉色，按图 3-35 设置颜色参数，并单击"确定"按钮退出。

（15）单击"图层"面板下方的"创建新图层"按钮，得到"图层 4"。在工具栏中选择"画笔工具"，在上方的选项栏中设置画笔的大小及硬度，如图 3-37 所示。选择前景色为白色，在水珠的上下位置点出高光效果，如图 3-38 所示。

（16）最终效果图如图 3-18 所示，最后保存文件。

操作技巧

　　Photoshop 图层样式被广泛地应用于各种效果的制作当中，主要体现在以下几个方面。

（1）通过不同的图层样式选项设置，可以很容易地模拟出各种效果。这些效果利用传统的制作方法难以实现，或者根本不能制作出来。

（2）图层样式可以被应用于各种普通的、矢量的和特殊属性的图层上，几乎不受图层类别的限制。

（3）图层样式具有极强的可编辑性，当图层中应用了图层样式后，会随文件一起保存，可以随时进行参数选项的修改。

（4）图层样式的选项非常丰富，通过不同选项及参数的搭配，可以创作出变化多样的图像效果。

（5）图层样式可以在图层间进行复制、移动，也可以存储成独立的文件，提高工作效率。

（6）添加图层样式对背景图层是不起作用的。

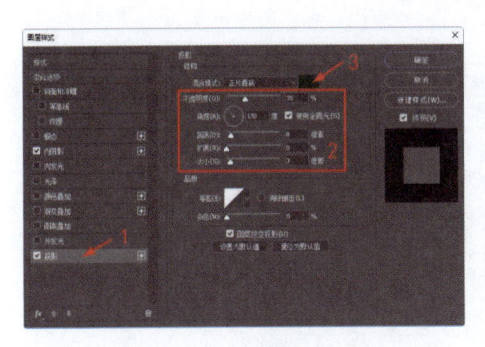

图 3-36 设置"图层样式"对话框参数　　图 3-37 设置画笔参数　　图 3-38 绘制高光效果

任务三　利用文字图层制作海报

一、任务目标及效果说明

通过学习"文字工具"，掌握文字的输入，设置"字符面板"相关参数；学习使用钢笔工具绘制路径，制作路径文字效果；学习运用"图层样式"命令，改变图层样式效果。

本任务的素材如图 3-39 所示，完成的效果图如图 3-40 所示。

二、制作步骤

（1）执行"文件"→"打开"命令，打开背景素材。选择"移动工具"，将彩条图片拖动到图像窗口中的适当位置，如图 3-41 所示，在"图层"面板中生成新的图层并将其命名为"彩条"。

图 3-39　素材

图 3-40　完成的效果图

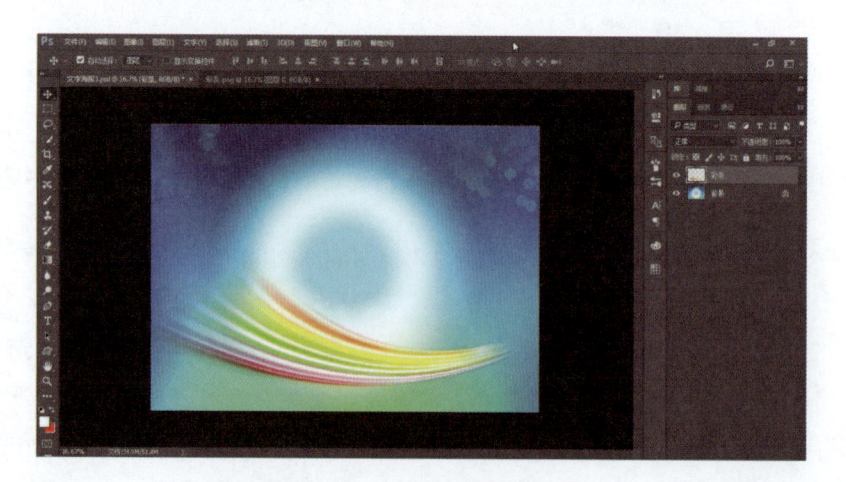

图3-41　调整彩条到适当位置

54

项目三　图层

（2）在"图层"面板上方，将"彩条"图层的"混合模式"设为"线性加深"。

（3）打开手机文件素材，选择"移动工具"，将手机图片拖动到图像窗口中的适当位置，如图如 3-42 所示，在"图层"面板中生成新的图层并将其命名为"手机"。

（4）复制"手机"图层，得到"手机拷贝"图层，将"手机拷贝"图层重命名为"倒影"，选中"倒影"图层，执行"编辑"→"变换"→"垂直翻转"命令，进行适当位置调整，并且调整"手机"与"倒影"的图层顺序，如图 3-43 所示。

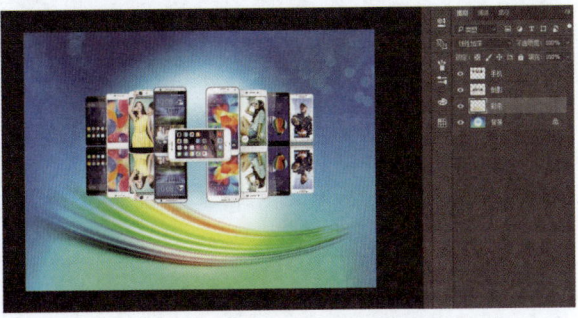

图 3-42　调整手机素材位置　　　　图 3-43　调整图层效果

（5）单击"图层"面板下方的"添加图层蒙版"按钮，为"手机拷贝"图层添加蒙版。将前景色设置为黑色，选择"渐变工具"，选择"前景色到透明渐变"模式，在图像窗口从下往上拖动实现渐变特效，如图 3-44 所示。

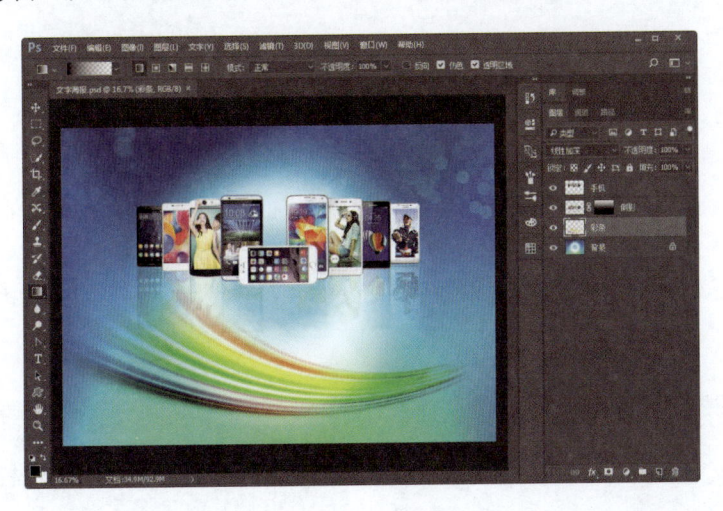

图 3-44　渐变特效

（6）选择工具栏中的"横排文字工具"，在选项栏中设置字体参数，如图 3-45 所示，输入文字"卓越非凡，智者选择"。

（7）选中"卓越非凡，智者选择"文字图层，执行"图层"→"图层样式"→"渐变叠加"命令，打开"图层样式"对话框，设置"图层样式"参数，如图 3-46 所示。

55

（8）选择"钢笔工具"，沿着彩条绘制路径，然后选择工具栏中的"横排文字工具"，在选项栏中设置字体参数，如图3-47所示。并将"横排文字工具"放置在路径上，如图3-48所示，输入文字"4G时代我选择我手机"。

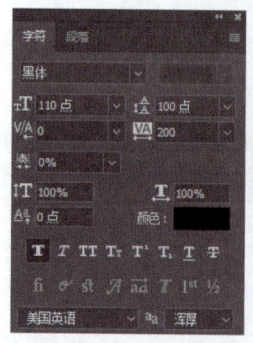

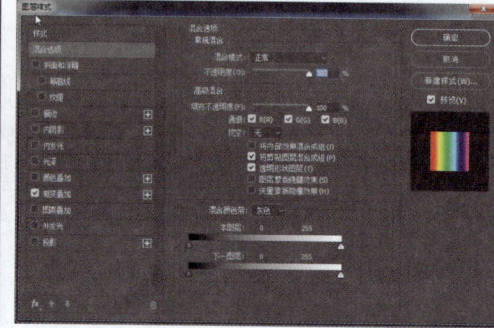

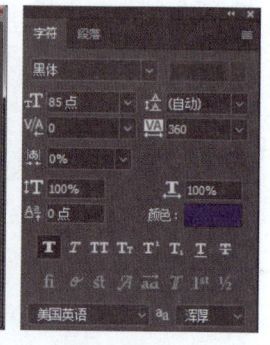

图3-45　设置字体参数　　　图3-46　设置"图层样式"参数　　　图3-47　设置字体参数

图3-48　输入文字

（9）执行"图层"→"图层样式"→"斜面和浮雕"命令，在弹出的对话框中设置相关参数，如图3-49所示。再在"图层样式"对话框左边单击添加"描边"样式，在弹出的对话框中设置"描边"相关参数，如图3-50所示。最终效果如图3-40所示，最后保存文件。

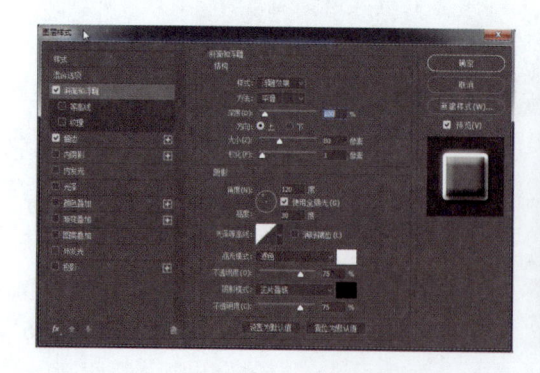

图3-49　设置"斜面和浮雕"参数　　　图3-50　设置"描边"相关参数

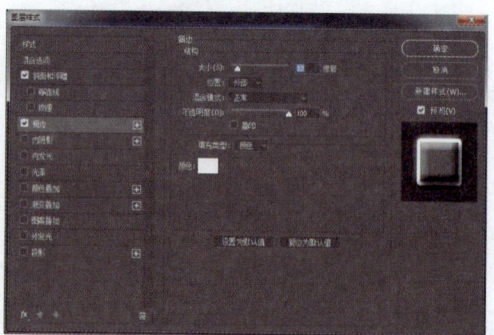

项目三 图层

任务四 利用调整图层进行调色

一、任务目标及效果说明

通过学习调整图层、叠加模式、蒙版等，进行图像颜色的调整，掌握如何创建调整图层。在本任务中，主要使用 Photoshop CC 中的"图层"面板下方的"创建调整图层"中的命令，学习曲线调整图层、反相调整图层、色彩平衡调整图层、色相/饱和度调整图层的创建与应用。

本任务的素材如图 3-51 所示，完成的效果图如图 3-52 所示。

图 3-51 素材　　　　　　　　　图 3-52 完成的效果图

二、制作步骤

（1）执行"文件"→"打开"命令，打开素材，并复制出两个图层，如图 3-53 所示。

（2）单击"图层"面板下方"创建调整图层"按钮 ⊘ ，新建"反相"调整图层，如图 3-54 所示。

图 3-53 复制图层　　　　　　　图 3-54 新建"反相"调整图层

（3）单击"图层"面板上面的"叠加模式"，修改"反相 1"调整图层的叠加模式为"色相"，效果如图 3-55 所示。

（4）单击工具栏中的"画笔工具"。将画笔笔触设为"硬边圆"。修改前景色为黑色，用画笔涂抹色相调整图层的蒙版，使人物受到反相影响的部分恢复正常，效果如图 3-56 所示。

57

图 3-55　调整后效果

图 3-56　调整后效果

（5）单击"图层"面板下方的"创建调整图层"按钮 ，创建"曲线"调整图层，并调整曲线参数，效果如图 3-57 所示。

图 3-57　设置"曲线"参数

（6）单击"图层"面板下方的"创建调整图层"按钮 ，创建"色彩平衡"调整图层，调整色彩平衡参数，效果如图 3-58 所示。

项目三　图层

图 3-58　设置"色彩平衡"参数

（7）单击"图层"面板下方的"创建调整图层"按钮 ，创建"色相/饱和度"调整图层，调整色相、饱和度参数，效果如图 3-59 所示。

图 3-59　效果及参数

（8）单击"图层"面板下方的"创建新图层"按钮 ，创建图层。设置前景色为白色。使用工具栏中的"画笔工具"点绘雪点。绘制完成后，执行"滤镜"→"模糊"→"高斯模糊"命令，重复多次。完成效果如图 3-60 所示。

图 3-60　完成的效果图

习 题

1. 利用图层、图层样式、画笔工具、椭圆选框工具以及描边等命令，制作 CD 光盘及 CD 包装盒。制作素材如图 3-61 所示，完成的效果图如图 3-62 所示。

图 3-61　素材

图 3-62　完成的效果图

2. 利用图层、矩形选框工具及滤镜等工具，制作电影胶卷的效果。制作素材如图 3-63 所示，完成的效果图如图 3-64 所示。

图 3-63　素材

3. 利用图层混合模式制作"人与科技"，制作素材如图 3-65 所示，完成的效果图如图 3-66 所示。

4. 利用图层混合模式制作梦幻效果，制作素材如图 3-67 所示，完成的效果图如图 3-68 所示。

项目三 图层

图 3-64 完成的效果图

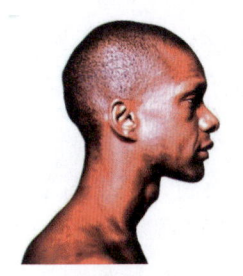

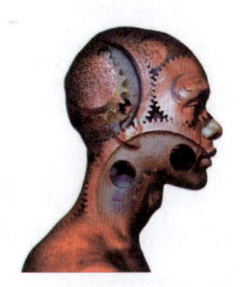

图 3-65 素材   图 3-66 完成的效果图

图 3-67 素材

图 3-68 完成的效果图

项目四
图像绘制与修饰

知识准备

作为专业的图形图像编辑软件，数字绘画是 Photoshop 的重要功能之一。它可以模拟绘制出水彩画、油画、水粉画、铅笔画、钢笔画等美术效果。

1. 画笔工具

画笔工具以"前景色"作为"颜料"在画面中进行绘制。绘制方法很简单，例如，在画面中单击，可以绘制出一个圆点（默认情况下画笔工具的笔尖为圆形），如图 4-1、图 4-2 所示。

图 4-1 画笔工具　　　　　　　　　　图 4-2 使用画笔绘制形状

要想绘制出各种不同的笔触，可以在"画笔工具"的选项栏中进行设置，单击 按钮打开"画笔预设选取器"，在"画笔预设选取器"中根据需要选择不同类型的画笔笔尖进行绘制，观察效果。如图 4-3、图 4-4 所示。

（1）画笔面板

单击 按钮，可以弹出"画笔"面板，如图 4-5 所示。单击 按钮，可以弹出"画笔预设"面板，如图 4-6 所示。

（2）大小

通过设置数值或者移动滑块可以调整画笔笔尖的大小，如图 4-7、图 4-8 所示。

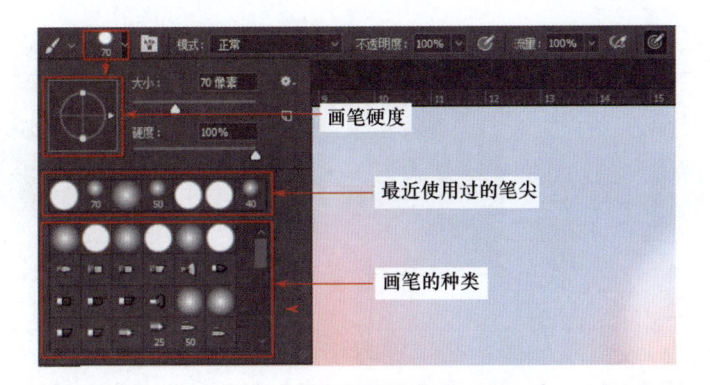

图 4-3 画笔预设选取器

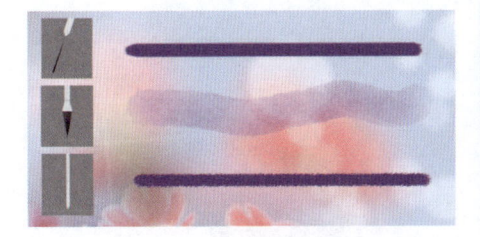

图 4-4 不同类型画笔笔尖效果 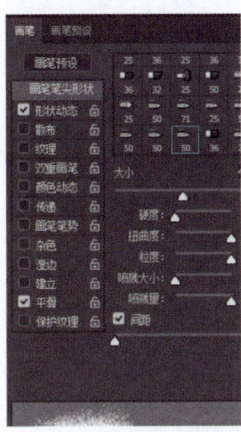　　图 4-5 "画笔"面板 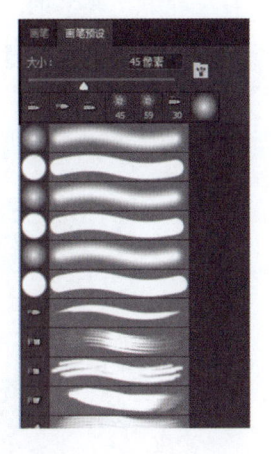　　图 4-6 "画笔预设"面板

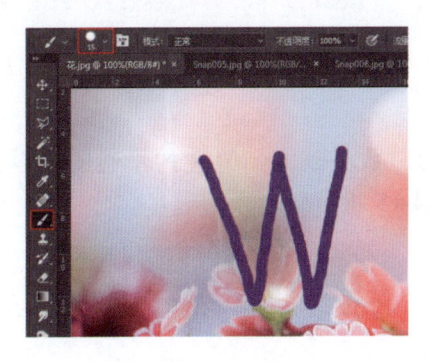

图 4-7 笔尖大小为 15 个像素 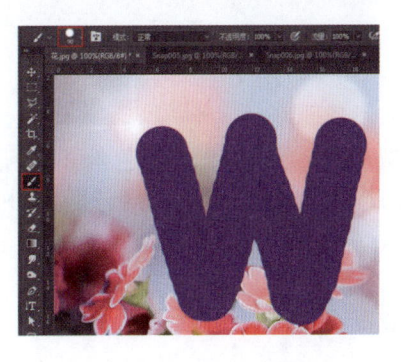　　　　图 4-8 笔尖大小为 90 个像素

（3）硬度

当使用圆形画笔时，可以调整画笔硬度参数。数值越大，画笔边缘越清晰，反之，画笔边缘越模糊，如图 4-9、图 4-10、图 4-11 所示。

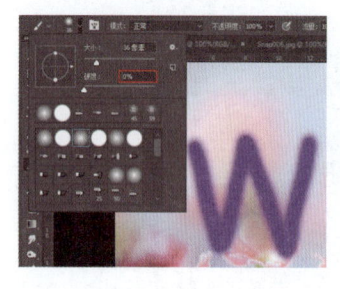

图 4-9　硬度数值为 0 　　　　图 4-10　硬度数值为 50 　　　　图 4-11　硬度数值为 100

提示

在英文状态下，按"["键可以缩小笔刷，按"]"键可以放大笔刷，按 Shift+[组合键可以减小笔刷的硬度，按 Shift+] 组合键可以增加笔刷的硬度。

（4）模式

设置绘画颜色与背景现有像素的混合模式，如图 4-12、图 4-13 所示。

图 4-12　设置混合模式为"正片叠底" 　　　　图 4-13　设置混合模式为"减去"

（5）不透明度

设置画笔绘制出来的颜色的不透明度。数值越大，笔迹的不透明度越高，如图 4-14 所示，反之，不透明度越低，如图 4-15 所示。

图 4-14　设置不透明度为 24% 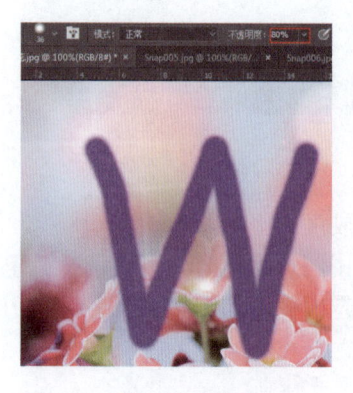　　　　图 4-15　设置不透明度为 80%

> 提示
>
> 在使用"画笔工具"时,按数字键 0～9 可以快速调整画笔的"不透明度",数字 1 代表 10%,数值 9 代表 90%,数字 0 代表 100%。

(6)流量

流量是指使用画笔绘图时所绘颜色的深浅。如果设置的流量较小,其绘制的效果如同降低透明度一样,但经过反复涂抹,颜色会逐渐饱和,如图 4-16、图 4-17 所示。

图 4-16　设置流量为 30%　　　　　　图 4-17　设置流量为 90%

(7)喷枪

激活 按钮后,启动喷枪功能,Photoshop 会根据鼠标左键单击方式来确定画笔笔迹的填充数量,如图 4-18、图 4-19 所示。

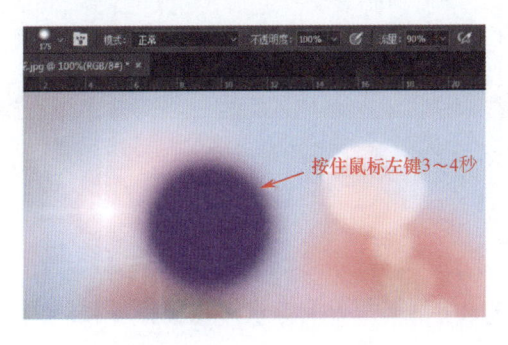

图 4-18　未启动"喷枪"时的效果　　　　　　图 4-19　使用"喷枪"的效果

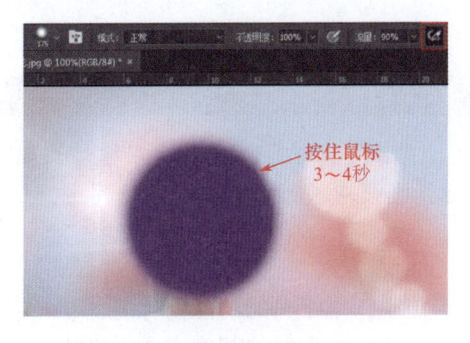

(8)使用手绘板(压感)

使用带有压感的手绘板时,启用 功能可以对"不透明度"使用"压力"。如果关闭此功能,由"画笔预设"控制压力。

使用带有压感的手绘板时,启用 功能可以对"大小"使用"压力"。如果关闭此功能,由"画笔预设"控制压力。

2. 铅笔工具

"铅笔工具"位于"画笔工具组"中,它主要用于绘制硬边的线条。"铅笔工具"的使用方法与"画笔工具"非常相似。"铅笔工具"常用来上色、画线或者制作像素化、像素风格的图标等。不同"铅笔"类型的对比效果如图 4-20 所示。

"铅笔工具"比"画笔工具"多了一个"自动抹除"选项，如图 4-21、图 4-22、图 4-23 所示。

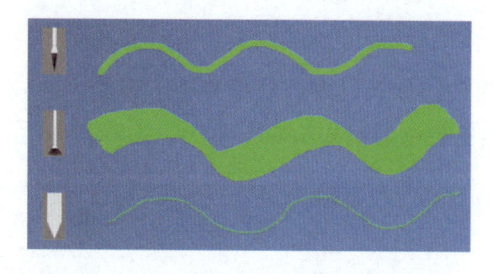

图 4-20 设置不同"铅笔"类型的对比效果

图 4-21 原始图像

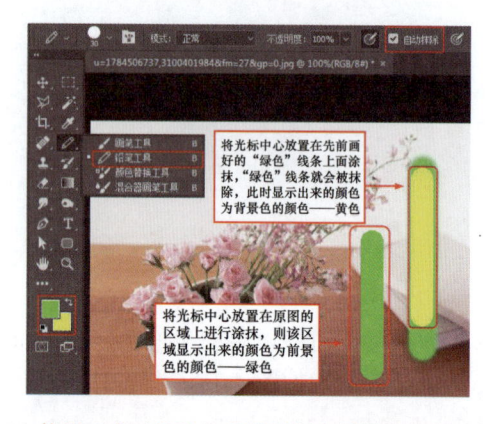

图 4-22 使用画笔绘制绿色的线条

图 4-23 使用"自动抹除"功能绘制出前景色和背景色

提示

"自动抹除"选项只有在原始图像上才能绘制出设置的前景色和背景色。在新建的图层中进行操作是不起作用的。

3. 仿制图章工具

仿制图章工具的功能就像复印机，将图像中某一部分的像素，"复制"到另一个位置，因此两个位置的图像完全一致。

使用仿制图章工具时要先定义采样点：在工具栏中选取"仿制图章"工具，打开其属性栏，如图 4-24 所示。选择合适的笔刷大小，选取需要复制的图片位置，按住 Alt 键，单击鼠标左键进行取样。接下来将取样到的像素放在图像需要的位置上，如图 4-25、图 4-26 所示。

图 4-24 仿制图章属性栏

仿制图章工具常用来去除水印、去除人物脸部瑕疵、去除与背景部分不相干的杂物等。

图 4-25　复制前原图　　　　图 4-26　复制后效果图

4. 橡皮擦工具

Photoshop 中的"画笔"可以绘画，当绘画过程中操作失误时，是否可以擦除呢？当然可以！Photoshop 有 3 种擦除工具："橡皮擦工具""魔术橡皮擦"和"背景橡皮擦"。

（1）橡皮擦工具

橡皮擦工具是最基础和最常用的擦除工具，选择橡皮擦工具后，直接在图像中按住鼠标左键并拖动即可擦除对象，如图 4-27 所示。橡皮擦工具的属性栏如图 4-28 所示。

- 模式：选择"橡皮擦"的种类。当选择"画笔"时，可以创建柔边或硬边的擦除效果；当选择"铅笔"时，可以创建硬边的擦除效果；当选择"块"时，可以创建块状的擦除效果，如图 4-29 所示。

图 4-27　橡皮擦工具

图 4-28　"橡皮擦工具"属性栏

- 不透明度：设置"橡皮擦"工具的擦除强度。当不透明度设置为 100% 时，可以完全擦除画面中的像素。当模式设置为"块"时，该选项不可用，如图 4-30 所示。
- 流量：设置"橡皮擦工具"涂抹的速度，如图 4-31 所示。
- 抹到历史记录：勾选该选项后，"橡皮擦工具"的作用相当于"历史记录画笔工具"。

（2）背景橡皮擦

可以快速擦除特定的区域，被擦除掉的区域，显示出背景的颜色，如图 4-32 所示。

（3）魔术橡皮擦

可以快速将图片中相近的色块完全擦掉，可用于完成背景的更换，如图 4-33、图 4-34 所示。

图 4-29 "橡皮擦"3 种模式展示

图 4-30 设置"不同透明度"数值的对比效果

图 4-31 设置不同"流量"的对比效果

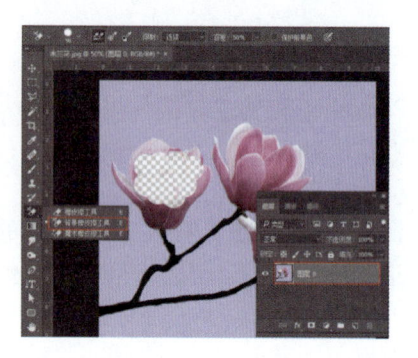

图 4-32 背景橡皮擦工具

图 4-33 魔术橡皮擦工具

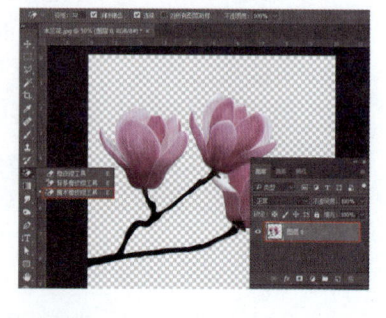

图 4-34 更换背景后的效果图

项目四　图像绘制与修饰

任务一　照片修复

一、任务目标及效果说明

通过本任务的学习，使学生能够熟练掌握 Photoshop 软件的"污点修复画笔工具""修复画笔工具""修补工具"的使用方法和技巧，通过灵活运用这些修复类工具来去除图像的斑痕，达到修复老旧照片、使其焕然一新的目的。

本任务的素材如图 4-35 所示，完成的效果图如图 4-36 所示。

图 4-35　素材　　　　　　　　图 4-36　完成的效果图

二、制作步骤

（1）执行"文件"→"打开"命令，打开素材"旧照片.jpg"，使用工具栏中的"缩放工具"将图像的显示比例调大，显示出图像斑痕的细节。

（2）选择工具栏中的"修补工具"，并在上方的选项栏中设置它的参数，如图 4-37、图 4-38 所示。

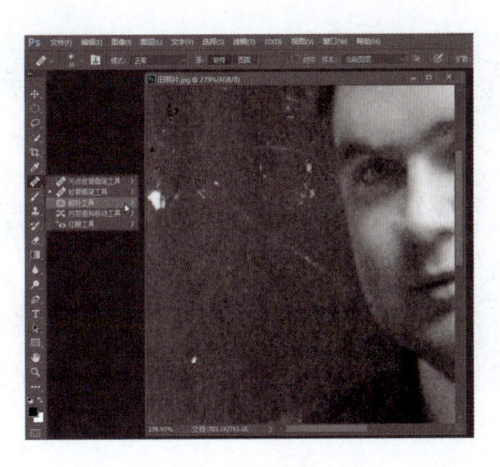

图 4-37　使用修补工具

69

图 4-38　设置修补工具选项

（3）使用"修补工具"选取斑痕图像，然后将选区拖动到没有斑痕的位置，使斑痕消失。重复上述方法，直至将男孩身后背景中的斑痕全部去除。如图 4-39 所示。

图 4-39　使用"修补工具"修复人物背景斑痕

（4）选择工具栏中的"污点修复画笔工具" ，并在上方的选项栏中设置它的参数，如图 4-40 所示。通过单击或拖动鼠标指针的方法去除男孩衣服上的斑痕，如图 4-41 所示。

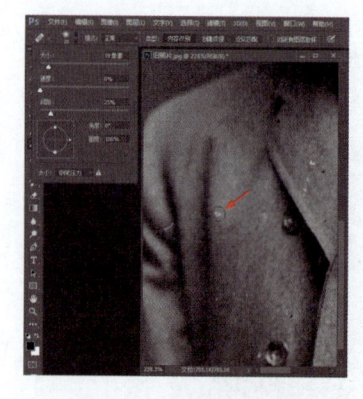

图 4-40　设置"污点修复画笔工具"参数　　　图 4-41　修复衣服上的斑痕

（5）选择工具栏中的"修复画笔工具"，使用合适大小的画笔，按住 Alt 键不放，单击斑痕附近正常的图像进行采样，然后松开 Alt 键，在斑痕图像上单击鼠标左键或者拖动涂抹，反复使用这种方法将图像中男孩头部的斑痕去除，如图 4-42 所示。

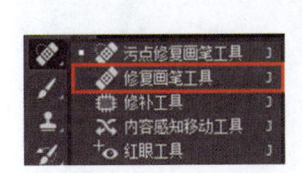

图 4-42　修复头部斑痕

（6）仔细检查图像，使用合适的工具将其他斑痕去除，最后对图像进行保存，最终效果如图 4-36 所示。

操作技巧

在使用"污点修复画笔工具"时，不需要定义原点，只需要确定需要修复的图像位置，调整好画笔大小，移动鼠标就会在确定需要修复的位置自动匹配，所以在实际应用时非常实用，而且操作也很简单。实际上，这个工具能操作的空间很大，比如，只需轻轻一点就能实现简单的去痣工作。

"修补工具"适合修改有明显裂痕或污点等有缺陷或者需要更改的图像。绘制需要修复的选区，拉取需要修复的选区拖动到附近完好的区域即可实现修补。通过用"修补工具"可以用其他区域或图案中的像素来修复选中的区域。像"修复画笔工具"一样，"修补工具"会将样本像素的纹理、光照和阴影与源像素进行匹配，一般用于修复一些大面积的斑痕。

任务二　人像美容

一、任务目标及效果说明

熟练掌握使用图像绘制工具组进行人物照片的修饰，主要应用"磨皮""美白牙齿""打腮红""提亮眼睛""瘦脸"等。熟练掌握"污点修复画笔工具""加深减淡工具""液化"等的应用。主要使用 Photoshop CC 中工具栏中的"修饰与画笔工具组"中的工具。

本任务的素材如图 4-43 所示，完成的效果图如图 4-44 所示。

二、制作步骤

（1）执行"文件"→"打开"命令，打开素材。复制背景图层，背景副本，接下来，单击通道面板，复制蓝通道，得到蓝副本。

图 4-43　素材

图 4-44　完成的效果图

（2）执行"滤镜"→"其他"→"高反差保留"命令。

（3）执行"图像"→"计算"命令，采用强光混合模式，如图 4-45 所示。

（4）重复执行（3）中的"图像"→"计算"命令多次，直到脸部斑点都计算清楚为止，计算后的效果如图 4-46 所示。

图 4-45　计算面板

（5）按住 Ctrl 键，鼠标单击最后一次计算生成的通道（本例中为 Alpha5）以 Alpha5 作为选区，如图 4-46 所示。

（6）接下来，由通道转入图层，执行"选择"→"反选"命令，选出脸部斑点。并创建曲线调整图层，在曲线中点垂直向上拉提亮，调整后效果如图 4-47 所示。

图 4-46　载入选区

图 4-47　磨皮效果

（7）执行"图像"→"调整"→"曲线"命令，调整图像曲线，参数及效果如图 4-48 所示。

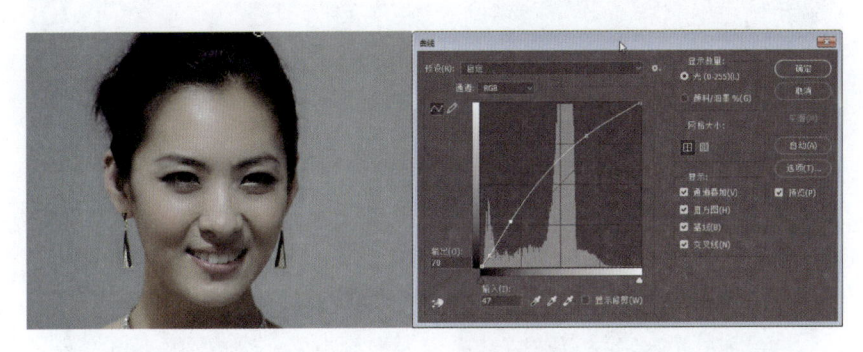

图 4-48　调整曲线提亮

（8）使用工具栏中"污点修复画笔工具"修复脸上明显斑点，如图 4-49 所示。

图 4-49　寻找污点修复污点

（9）使用工具栏中"减淡工具"美白牙齿，如图 4-50 所示。

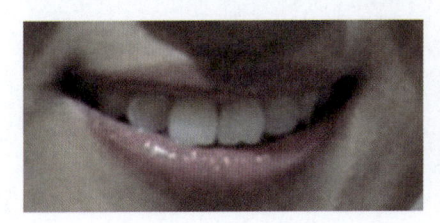

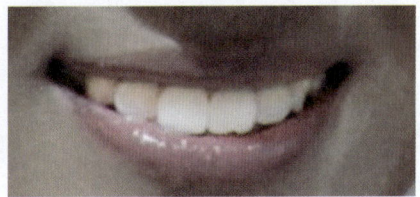

图 4-50　美白牙齿

（10）使用工具栏中"减淡工具"提亮眼睛，如图 4-51 所示。

（11）执行"滤镜"→"液化"命令，调整脸型，参数及效果如图 4-52 所示。

（12）单击"图层"面板下方"创建新图层"，设置前景色为红色，用柔角"画笔工具"涂抹人物嘴唇，腮红，眼影等位置，如图 4-53 所示。设置图层叠加方式为"正片叠底"，控制好画笔流量与透明度，完成的最终效果如图 4-44 所示。

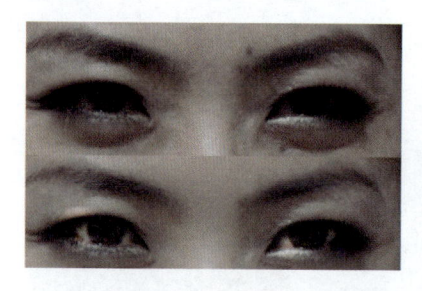

图 4-51　提亮眼睛

图 4-52　调整脸型

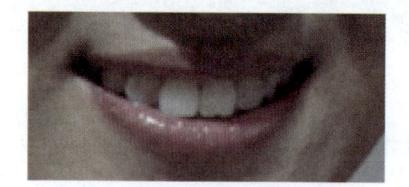

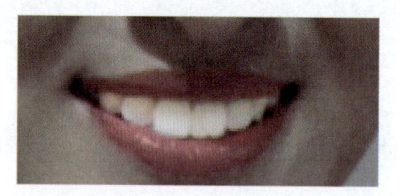

图 4-53　完成人物嘴唇涂抹

习　　题

1. 如何自定义画笔？

2. 使用加深/减淡工具、涂抹工具、模糊工具及椭圆选框工具等装饰咖啡杯。素材如图 4-54 所示，完成的效果图如图 4-55 所示。

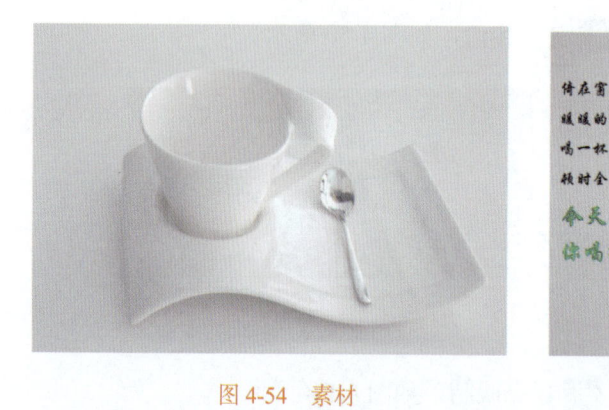

图 4-54　素材

图 4-55　完成的效果图

3. 使用涂抹工具、模糊工具、加深/减淡工具及画笔工具等绘制山水画，完成的效果图如图 4-56 所示。

项目四　图像绘制与修饰

图 4-56　完成的效果图

75

项目五
蒙　　版

知识准备

"蒙版"原是摄影术语，是指用于控制照片不同区域曝光的传统暗房技术。Photoshop 中"蒙版"的功能主要是画面的修饰与"合成"。通过更改蒙版，可以突出应用各种特殊效果，而不会影响该图层上的像素。

Photoshop 中共有 4 种蒙版：图层蒙版、快速蒙蔽、剪贴蒙版和矢量蒙版。这 4 种蒙版的原理与操作方式各不相同，各种蒙版的特性如下。

（1）图层蒙版：通过"黑白"来控制图层内容的显示和隐藏，可以随时修改，并且不会修改图片本身。因此，失败了可以重来，这是图层蒙版最大的优点。图层蒙版常用于合成中图像某区域的隐藏。

（2）快速蒙版：以"绘图"的方式创建各种随意的选区。这种选区的随意性和自由性很强，是利用选择工具所得不到的特殊选区。

（3）剪贴蒙版：以下层图层的"形状"控制上层图层显示的"内容"。用通俗的方式来理解，就像在不透明的塑料板上"凿洞"，可凿出许多大大小小的洞，也可以凿出特殊形状的洞，然后把这块被凿洞的不透明塑料板放在需要被蒙版的图像上，与图像重叠，这时候我们只能透过"洞"看到图像，图像也只能在这个"洞"的范围内显示。这时候的蒙版紧贴在图像上，使图像感觉上就像被剪切了一样，因而我们将这种蒙版称为剪贴蒙版。通过剪贴蒙版，可以在不剪切图像的基础上，对蒙版进行操作，使图像产生剪贴效果。

（4）矢量蒙版：以路径的形态控制图层内容的显示和隐藏，与分辨率无关，由钢笔或形状工具创建。路径以内的部分被显示，路径以外的部分被隐藏。由于以矢量路径进行控制，所以它可以实现蒙版的无损缩放。

任务一　利用图层蒙版制作合成风景特效

一、任务目标及效果说明

通过学习"图层蒙版"命令，添加蒙版；通过学习"画笔工具"，设置画笔相关参数，涂抹多余部分；通过学习"图层样式"命令，设置图层样式。

本任务的素材如图 5-1 所示，完成的效果图如图 5-2 所示。

图 5-1 素材

图 5-2 完成的效果图

二、制作步骤

（1）执行"文件"→"打开"命令，打开素材。

（2）选择"移动工具"，将天空图片拖动到房屋图像窗口中的适当位置，在图层面板中创建新的"图层 1"，并调整其大小。

（3）在"图层"面板中将"图层 1"的混合模式选项设置为"滤色"，如图 5-3 所示，得到当前窗口的效果如图 5-4 所示。

图 5-3 设置图层混合模式　　　　　　图 5-4 当前窗口效果

（4）单击"图层"面板下方的"添加图层蒙版"按钮,为"图层1"添加蒙版,如图5-5所示。将前景色设置为黑色,选择"画笔工具",在属性栏中设置画笔类型为"柔边圆压力不透明度",如图5-6所示,设置"不透明度"为65%、"流量"为60%,使用画笔涂抹不需要的图像,效果如图5-7所示。

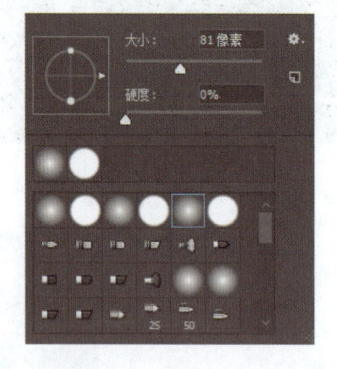

图5-5 添加蒙版　　　　图5-6 设置画笔类型

（5）单击"图层"面板下方的"创建新的填充或者是调整图层"按钮,选择"色阶"命令,在"图层"面板中生成"色阶1"图层,设置参数,如图5-8所示,得到的最终效果如图5-2所示。

图5-7 画笔涂抹后的效果　　　　图5-8 设置"色阶"参数

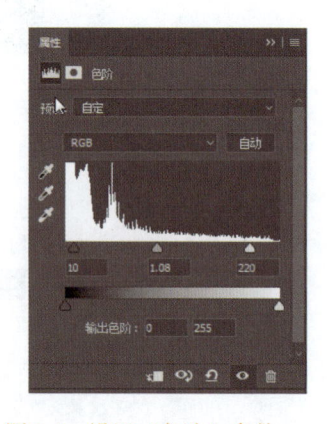

（6）执行"文件"→"存储为"命令,保存文件。

任务二　利用快速蒙版制作花开季节

一、任务目标及效果说明

通过学习快速蒙版工具,结合画笔工具、铅笔工具、矩形选框工具、文字工具等,制作充满青春浪漫气息的花开季节图片。在本任务中,主要使用了快速蒙版工具。

本任务的素材如图 5-9 所示，完成的效果图如图 5-10 所示。

图 5-9　素材

图 5-10　完成的效果图

二、制作步骤

（1）执行"文件"→"新建"命令，新建一个 800 像素 ×600 像素，分辨率为 72 像素 / 英寸的空白文档。将素材拖入，调整大小和位置，如图 5-11 所示。

（2）选中素材图层，按下 Q 键进入快速蒙版模式，设置前景色为黑色，接着使用"画笔工具"，设置画笔笔尖形状为"柔角"，并设置其大小。在画面中涂抹绘制出不规则的区域，如图 5-12、图 5-13 所示。

图 5-11　移入素材

图 5-12　画笔预设

（3）执行"滤镜"→"像素化"→"彩色半调"命令，进行如图 5-14 所示的设置，此时可以看到快速蒙版的边缘出现点状，如图 5-15 所示。

（4）按下 Q 键退出快速蒙版编辑模式，此时画面如图 5-16 所示。按下 Delete 键，删除选区中的部分，效果如图 5-17 所示。

（5）创建新图层，将其命名为"绿色背景"。使用"矩形选框工具"，绘制矩形选区，并填充颜色，如图 5-18 所示。

图 5-13　绘制不规则的区域 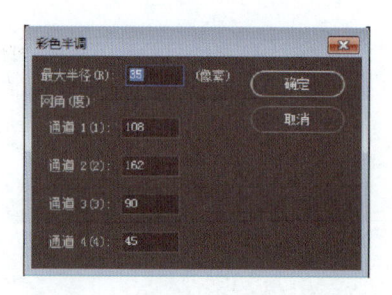　　　　　　图 5-14　设置"彩色半调"参数

图 5-15　快速蒙版的边缘出现点状 　　　图 5-16　退出快速蒙版编辑模式

图 5-17　删除选区中的部分　　　　　　图 5-18　绘制矩形选区

（6）使用"文字工具"，字体设置为"隶书"，输入中文"花开季节"。选中"花"字，将前景色设为灰色，如图 5-19、图 5-20 所示，最终文字效果如图 5-21 所示。

（7）使用"文字工具"，字体设置为"Blackadder ITC"，在"花开季节"下面输入英文"Bloom season"，如图 5-22 所示。

（8）创建一个新图层，将其命名为"横线"。使用"铅笔工具"进行颜色相关设置，按住 Shift 键，绘制水平线，如图 5-23、图 5-24 所示。

（9）创建一个新图层，将其命名为"文字"。使用"文字工具"，字体设置为"隶书"，在水平线下面输入系列中文，如图 5-25 所示。

项目五　蒙版

图 5-19　设置字体颜色

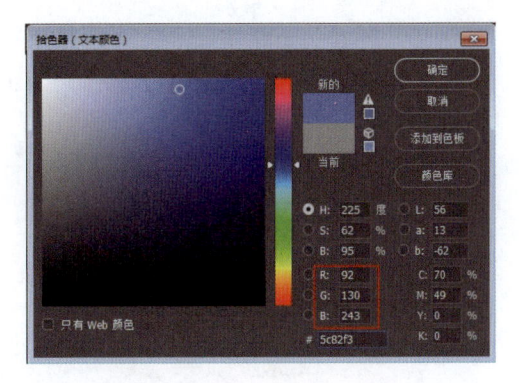

图 5-20　设置"花"字颜色

图 5-21　文字"花"设置后的效果

图 5-22　输入英文

图 5-23　设置线条颜色

图 5-24　绘制线条

你站在花海之中，闭上你的双眼，
沉浸在梦的海洋当中，尽情地放飞自己。
此时的你，就如身边的花朵一样绚丽夺目，
热情开朗，朝气蓬勃。
春天是花季，花季是你的青春，青春是你的骄傲！

图 5-25　输入系列中文

81

（10）创建一个新图层，将其命名为"画框"。使用"画笔工具"，设置画笔笔尖形状为"柔角"，并设置其大小，按住 Shift 键，绘制画框，得到最终效果，如图 5-10 所示。

（11）执行"文件"→"存储为"命令，保存文件。

任务三　利用剪贴蒙版制作网格状效果图像

一、任务目标及效果说明

通过学习利用移动工具进行图层的复制、对齐与分布等操作，实现使用图层剪贴蒙版技术制作网格效果图像。

本任务的素材如图 5-26 所示，完成的效果图如图 5-27 所示。

图 5-26　素材　　　　　　　　　　图 5-27　完成的效果图

二、制作步骤

（1）执行"文件"→"新建"命令，新建一个 20 厘米 ×30 厘米，分辨率为 72 像素/英寸的文件。

（2）单击"图层"面板下方的"创建新图层"按钮，得到"图层 1"。选择工具栏中的"矩形选框工具"，在选项栏中设置"样式"为"固定大小"，宽度和高度各设置为 85 像素。在图像窗口单击鼠标左键创建一个正方形的选区。执行"选择"→"修改"→"平滑"命令，设置"取样半径"为 5 像素。如图 5-28、图 5-29 所示。

（3）使用 Alt+Delete 组合键向矩形选区填充任意颜色，按 Ctrl+D 组合键取消选区，然后用"移动工具"将色块图像移动到窗口左上角的位置，如图 5-30 所示。

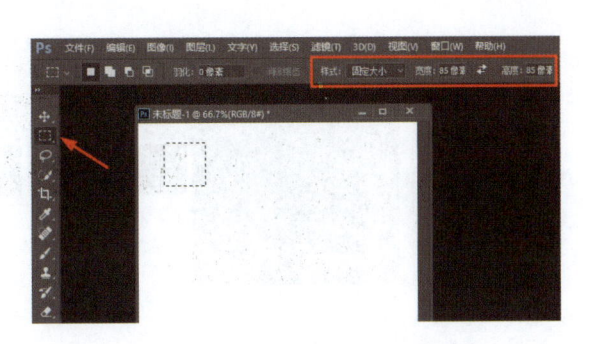

图 5-28 新建图层　　　　　　图 5-29 创建矩形选区

图 5-30 填充颜色

(4) 选择"移动工具",按住 Alt 键不放,将色块图像向右拖动复制出一个新的色块。重复使用这种方法复制出 5 个色块图像,并将最后一个复制得到的色块移动到窗口右上角的位置,在"图层"面板中会对应得到 5 个图层副本,如图 5-31 所示。

图 5-31 复制 5 个图层副本

(5) 在"图层"面板中单击鼠标左键选中最上方的"图层 1 拷贝 5",按住 Shift 键不放再单击"图层 1",选中多个图层,如图 5-32 中左图所示。接下来,选择工具栏中的"移动工具",在选项栏分别单击"顶对齐"和"水平居中分布"按钮,如图 5-32 中右图所示。最后执行"图层"→"合并图层"命令,将多个普通图层合并,如图 5-33 所示。

(6) 选择"移动工具",按住 Alt 键不放将这一行色块图像向下拖动复制出一行新的色块。重复使用这种方法共复制 8 行色块图像,并将最后一行复制得到的色块移动到窗口的最下方(留有一定的白边),在"图层"面板中会对应得到另外 8 个图层副本,如图 5-34 所示。

83

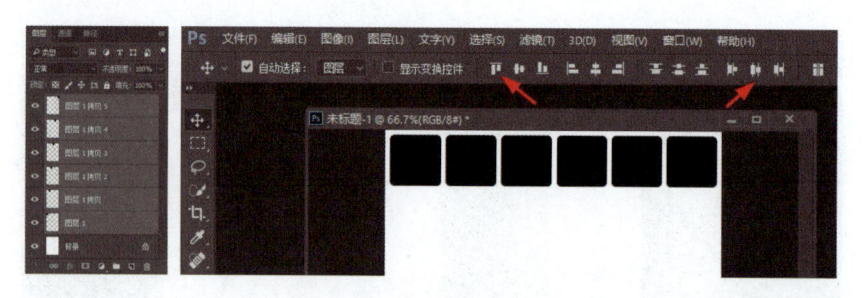

图 5-32 设置图像对齐与分布

图 5-33 合并多个图层

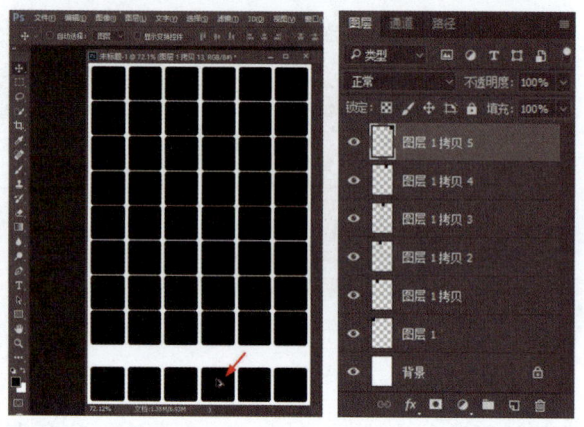

图 5-34 复制 8 个图层副本

（7）在"图层"面板中单击鼠标左键选中最上方的"图层 1 拷贝 13"，按住 Shift 键不放再单击"图层 1 拷贝 5"，选中多个图层，如图 5-35 所示。接下来，选择工具栏中的"移动工具"，在"选项栏"分别单击"左对齐"和"垂直居中分布"按钮，如图 5-36 所示。最后执行"图层"→"合并图层"命令，将多个普通图层合并，如图 5-37 所示。

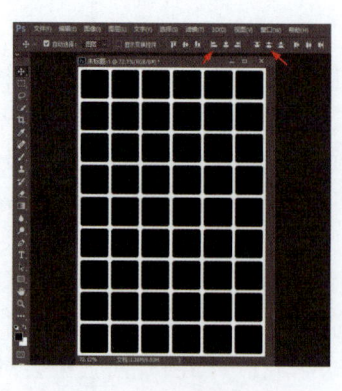

图 5-35 选中多个图层　　　图 5-36 设置图像对齐与分布　　　图 5-37 合并图层

（8）打开素材图像，使用"移动工具" ，将素材图像拖动到网格图像窗口中，如图 5-38 所示，调整图像位置使之完全覆盖网格图像，执行"图层"→"创建剪贴蒙版"命令，如图 5-39 所示，得到最终效果图，如图 5-27 所示。

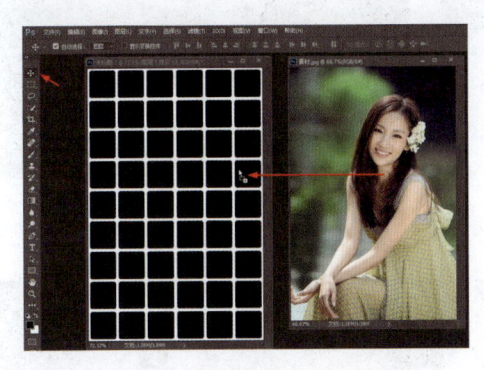

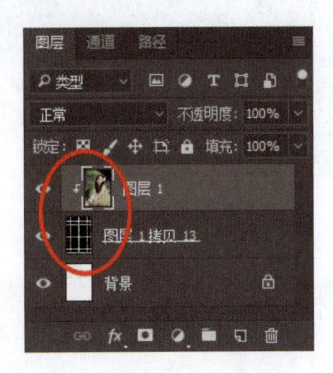

图 5-38　将素材图像拖动到网格图像窗口　　　　图 5-39　创建剪贴蒙版

（9）执行"文件"→"存储为"命令，保存文件。

操作技巧

在"图层"面板中选择多个图层时，按住 Shift 键不放单击鼠标左键，可以同时选择多个连续的图层条。如果按住 Ctrl 键不放单击鼠标左键，可以同时选择多个连续或不连续的图层条。

使用"移动工具"把图像从一个窗口拖动到另外一个窗口时，如果同时按住 Shift 键则可以把图像复制到版心位置。

使用 Ctrl+Alt+G 组合键可以创建或者释放剪贴蒙版。

任务四　利用蒙版进行人与动物的合成

一、任务目标及效果说明

蒙版在图像的合成中起着非常重要的作用。本任务使用蒙版把人的头像合成到可爱的猴子身上，实现人与动物的完美结合。主要使用 Photoshop CC 中的蒙版工具，使读者掌握蒙版的创建、蒙版的修饰。

本任务的素材如图 5-40 所示，完成的效果图如图 5-41 所示。

二、制作步骤

（1）执行"文件"→"打开"命令，打开素材，使用"椭圆选框工具" ，将人物原图的头部套住后，使用"移动工具" ，在选区中单击鼠标左键，将其拖动到动物原图的上面，松开鼠标左键，如图 5-42、图 5-43 所示。

图 5-40　素材　　　　　　　　　　　　　图 5-41　完成的效果图

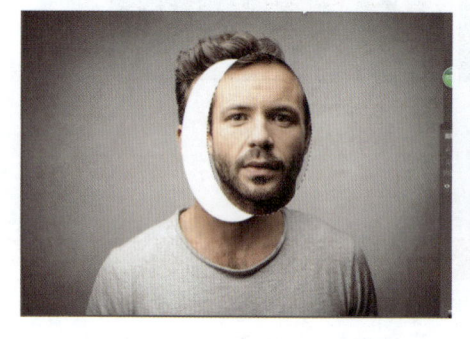

图 5-42　选择人物头部　　　　　　　　　图 5-43　移动人物头部

（2）将人物层的不透明度设置为 75% 左右（目的是便于观看上下层的对齐），执行"编辑"→"变换"→"变形"命令，调整人物五官与猴子五官位置，如图 5-44 所示。

（3）把人物层不透明度调回 100%。单击"图层"面板下方的"创建蒙版"按钮 ，为人物层创建蒙版，如图 5-45 所示。

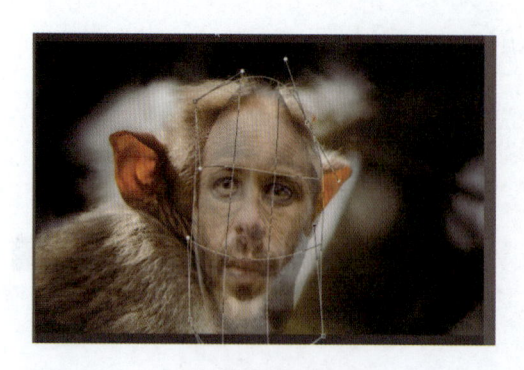

图 5-44　调整人物　　　　　　　　　　　图 5-45　创建蒙版

（4）将前景色设置为黑色，使用柔角画笔，设置其不透明度为100%，在人物头像边缘涂抹，如图5-46所示。

图5-46 涂抹人物边缘

（5）仔细涂抹人物边缘，得到最终效果图，如图5-41所示。
（6）执行"文件"→"存储为"命令，保存文件。

习　题

1. 在Photoshop CC中有哪几种创建蒙版的方式？
2. 根据图5-47素材，使用图层蒙版工具、画笔工具以及橡皮擦等工具，为艺术照更换背景，效果如图5-48所示。

图5-47 素材

图5-48 完成的效果图

3. 根据图 5-49 的素材，使用图层蒙版工具、画笔工具以及橡皮擦等工具，制作时尚女郎图像，效果图如图 5-50 所示。

图 5-49　素材

图 5-50　完成的效果图

项目六
通 道

知识准备

"通道"可用于存储颜色信息和选区信息。在 Photoshop 中有 3 种类型的通道：颜色通道、专色通道和 Alpha 通道，颜色通道、专色通道用于存储颜色信息，Alpha 通道用于存储选区。执行"窗口"→"通道"命令，打开"通道"面板，在"通道"面板中可以看到一个彩色的缩览图和几个灰色的缩览图，这些就是通道。"通道"面板主要用于创建、存储、编辑和管理通道，如图 6-1 所示。

（1）颜色通道：用来记录图像颜色信息。对于不同模式的图像，其通道的数量和通道的名称也不一样。例如，RGB 图像包含 RGB、R、G、B 通道；CMYK 图像包含 CMYK、C、M、Y、K 通道，如图 6-2 所示；Lab 模式的图像则包含 Lab、L、a、b 通道，如图 6-3 所示。

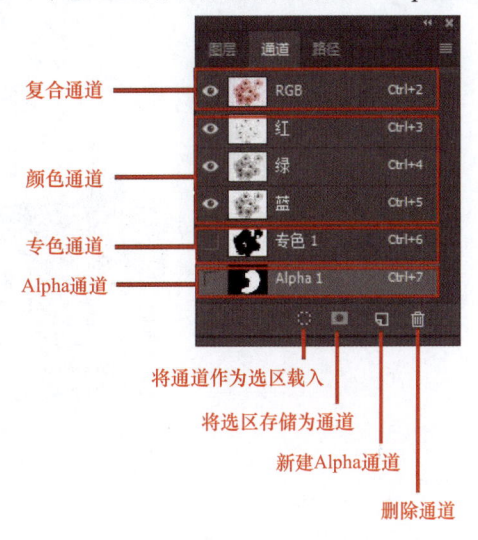

图 6-1 "通道"面板

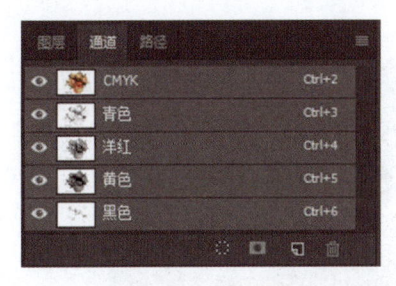

图 6-2 CMYK 模式的图像包含的通道

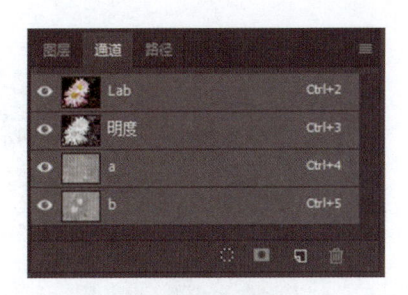

图 6-3 Lab 模式的图像包含的通道

（2）专色通道：是一种特殊的颜色通道。它可以使用除青色、洋红（也称品红）、黄色、黑色以外的颜色来绘制图像。在印刷中为了使自己的印刷作品与众不同，往往做一些特殊处理，如增加荧光油墨或夜光油墨，套版印制无色系（如烫金）等。这些特殊颜色的油墨，称为"专色"。也就是说，当所需颜色无法用三原色油墨混合而成时，就需要用到专色通道与专色印刷了。

（3）Alpha通道：用来保存选区而专门设计的通道，可以在Alpha通道中进行绘画、填充颜色、渐变颜色、应用滤镜等操作。在Alpha通道中，白色部分为选区内部，黑色部分为选区外部，灰色部分则为半透明的选区。

任务一　利用通道抠图为照片更换背景

一、任务目标及效果说明

学习使用"通道"抠出人物；学习使用"图像"→"调整"→"色阶"命令，设置参数；学习使用"画笔工具"命令进行涂抹，制作透明效果。

本任务的素材如图6-4所示，完成的效果图如图6-5所示。

图6-4　素材　　　　　图6-5　完成的效果图

二、制作步骤

（1）执行"文件"→"打开"命令，打开素材，切换至"通道"面板，如图6-6所示。

图6-6　"通道"面板

（2）进入"通道"面板，观察各通道细节，本任务选择蓝通道进行复制，如图 6-7 所示。

（3）执行"图像"→"调整"→"色阶"命令，设置参数，如图 6-8 所示。

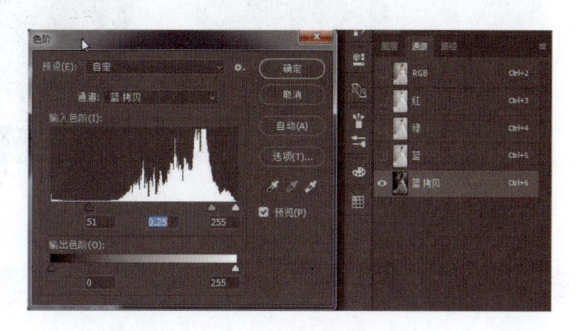

图 6-7　复制蓝通道　　　　图 6-8　设置色阶参数

（4）单击"确定"按钮，调整后的效果如图 6-9 所示。

（5）选择工具栏中的"快速选择工具"创建婚纱和人物选区，选取的选区效果图 6-10 所示。

（6）选择 RGB 通道模式或者按 Ctrl+2 组合键，载入选区形态图，如图 6-11 所示。

图 6-9　调整后效果　　　　图 6-10　创建选区　　　　图 6-11　载入选区

（7）返回图层面板，按 Ctrl+J 组合键，将选区中的内容通过复制生成"图层 1"，然后将"背景"图层隐藏，抠出婚纱和人物的效果如图 6-12 所示。

（8）打开素材"薰衣草.jpg"，使用"移动工具"将其移到当前窗口，生成"图层 2"，并且适当调整位置，如图 6-13 所示。

（9）选择"图层 1"为当前图层，单击"图层"面板下方的 ■ 按钮，为"图层 1"添加图层蒙版。

（11）选择"画笔工具"，在属性栏中选择"柔边圆压力画笔"，设置参数，如图 6-14 所示。

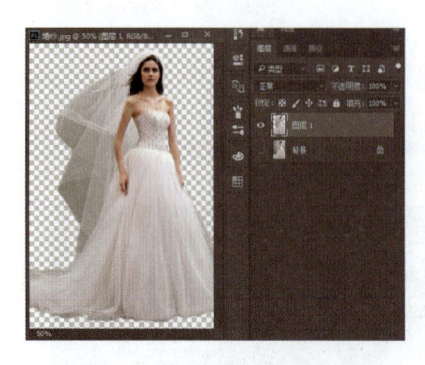

图 6-12　抠出婚纱人物　　　　　　　图 6-13　移入"薰衣草"素材

图 6-14　设置"画笔"参数

（12）设置"前景色"为黑色，"背景色"为白色，单击图层下方的"添加图层蒙版"按钮，在图片婚纱左侧及裙子的尾部进行涂抹，制作出透明效果，完成最终效果图，如图 6-15 所示，最后保存文件。

任务二　利用 Alpha 通道绘制太极图图像

一、任务目标及效果说明

通过本任务的制作使学生理解 Photoshop 软件的 Alpha 通道存储选区的基本原理，掌握利用参考线进行精确绘图的方法，熟练掌握并使用椭圆选框工具，利用 Alpha 通道对选区的添加和抵减运算来制作太极图图像。

本任务的完成效果图如图 6-15 所示。

图 6-15　完成的效果图

二、制作步骤

（1）执行"文件"→"新建"命令，新建一个 20 厘米 ×20 厘米，分辨率为 72 像素/英寸的文件，如图 6-16 所示。

（2）单击工具栏中的"设置前景色"按钮，在打开的拾色器窗口中设置前景色颜色值（R：0，G：127，B：255），如图 6-17 所示。

（3）执行"视图"→"标尺"命令，显示水平标尺和垂直标尺，选择"移动工具"指向垂直标尺，依次向右拖动出 5 条垂直参考线，这 5 条参考线的位置分别在 2 厘米、6 厘米、10 厘米、14 厘米、18 厘米处（拖动参考线时，按住 Shift 键不放可以精确定位），如图 6-18 所示。再使用相同的方法从水平标尺中拖动出 5 条水平参考线，这 5 条参考线的位置也分别在 2 厘米、6 厘米、10 厘米、14 厘米、18 厘米处，如图 6-19 所示。

项目六　通道

（4）使用"椭圆选框工具"，按住 Alt+Shift 组合键，从图像中心向外拖动鼠标，创建如图 6-20 所示的圆形选区，打开"通道"面板，单击"将选区存储为通道"按钮，将选区存储为 Alpha 1，如图 6-21 所示。

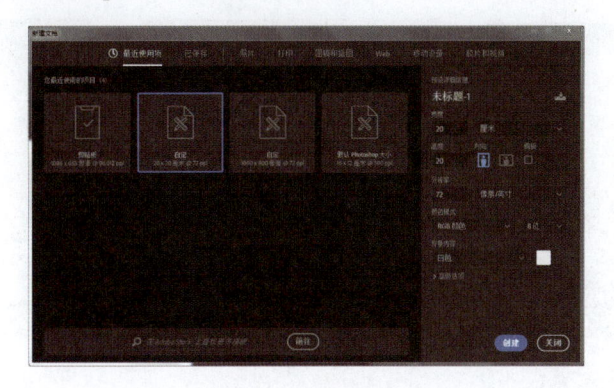

图 6-16　新建文件

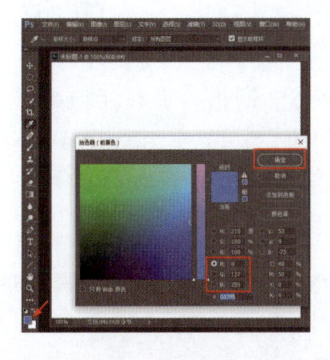

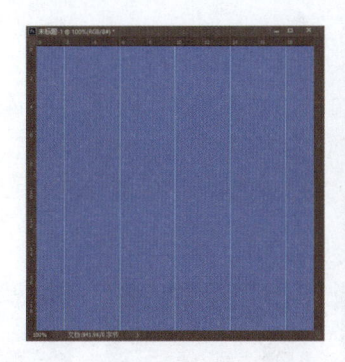

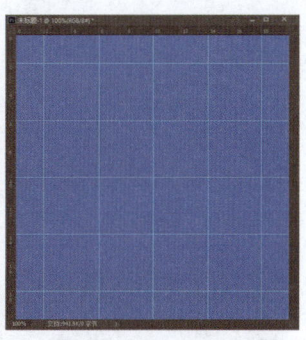

图 6-17　设置前景色并填充背景图层　　图 6-18　设置垂直参考线　　图 6-19　设置水平参考线

（5）使用"矩形选框工具"，单击"从选区减去"模式按钮，框选圆形选区的右半边，得到一个半圆形的选区，如图 6-22 所示。打开"通道"面板，单击"将选区存储为通道"按钮，将选区存储为 Alpha 2，如图 6-23 所示。

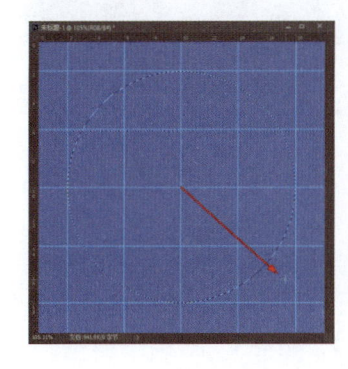

图 6-20　创建圆形选区　　　　　图 6-21　存储选区　　　　　图 6-22　抵减选区

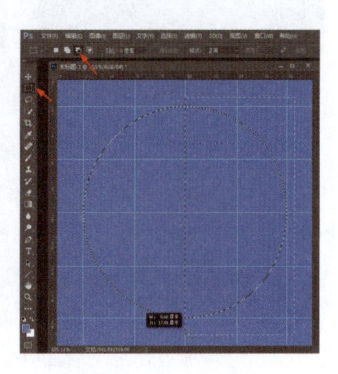

93

（6）使用"椭圆选框工具"，按住 Alt+Shift 组合键，拖动鼠标创建如图 6-24 所示的小圆形选区，打开"通道"面板，单击"将选区存储为通道"按钮，将选区存储为 Alpha 3，如图 6-25 所示。

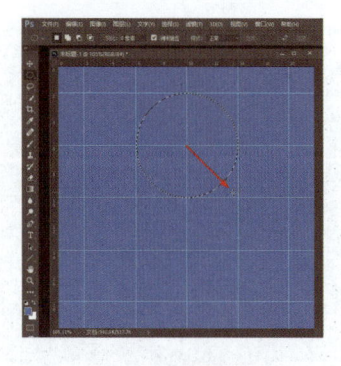

图 6-23　存储选区　　　　图 6-24　创建选区　　　　图 6-25　存储选区

（7）再次使用"椭圆选框工具"，按住 Alt+Shift 组合键，拖动鼠标创建如图 6-26 所示的小圆形选区，打开"通道"面板，单击"将选区存储为通道"按钮，将选区存储为 Alpha 4，如图 6-27 所示。

（8）按住 Ctrl 键不放，单击"通道"面板中的 Alpha 2 通道，获得半圆形选区，如图 6-28 所示。接下来执行"选择"→"载入选区"命令，设置对话框中的"通道"为 Alpha 3，操作为"添加到选区"，使 Alpha 2 和 Alpha 3 中的选区合并。如图 6-29、图 6-30 所示。

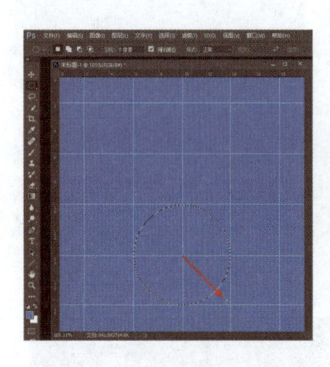

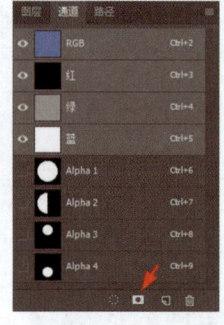

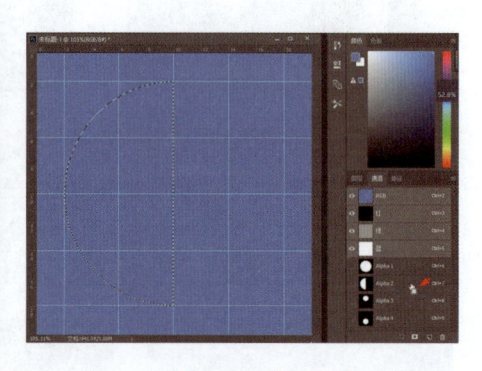

图 6-26　创建小圆形选区　　图 6-27　存储选区　　　　图 6-28　载入选区

（9）执行"选择"→"载入选区"命令，设置对话框中的"通道"为 Alpha 4，操作为"从选区中减去"，使两个选区抵减，如图 6-31 所示。接着单击"通道"面板中的"将选区存储为通道"按钮，将选区存储为 Alpha 5，如图 6-32、图 6-33 所示。

（10）按住 Ctrl 键不放，单击"通道"面板中的 Alpha 1 通道，获得正圆形选区，如图 6-34 所示。接下来执行"选择"→"载入选区"命令，设置对话框中的"通道"为 Alpha 5，操作为"从选区中减去"，使两个选区抵减，如图 6-35、图 6-36 所示。最后单击"通道"面板中的"将选区存储为通道"按钮，将选区存储为 Alpha 6。

（11）单击"图层"面板下方的"创建新图层"按钮，得到"图层 1"，向选区内填充白色，如图 6-37 所示。按住 Ctrl 键不放，单击"通道"面板中的 Alpha 5 通道，载入如图 6-38 所示的选区，然后再单击"图层"面板下方的"创建新图层"按钮，得到"图层 2"，向选区内填充黑色，如图 6-39 所示。

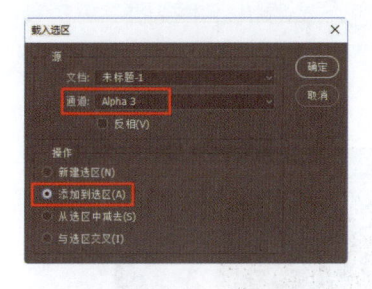

图 6-29　添加到选区 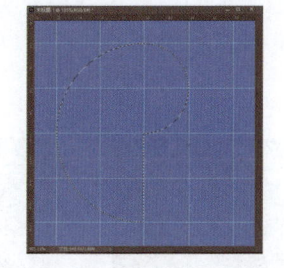　　　　图 6-30　添加到选区后的效果 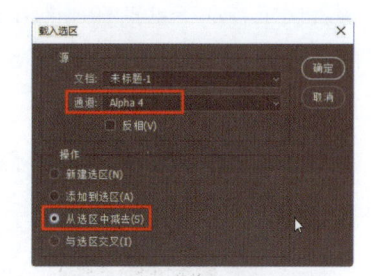　　　　图 6-31　选区抵减

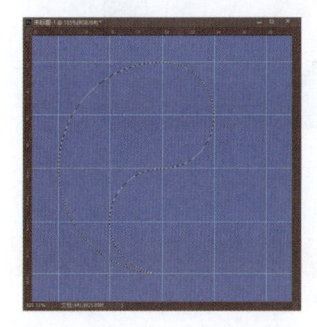

图 6-32　选区抵减 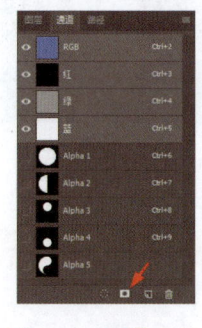　　　　图 6-33　存储选区 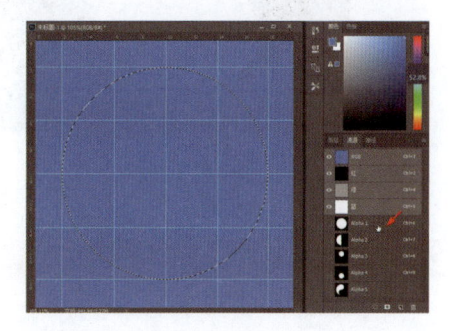　　　　图 6-34　载入选区

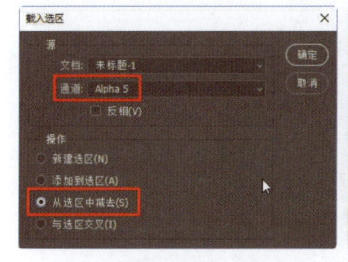

图 6-35　从选区中减去 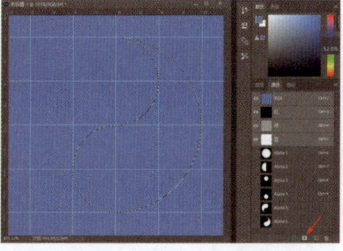　　　　图 6-36　选区抵减 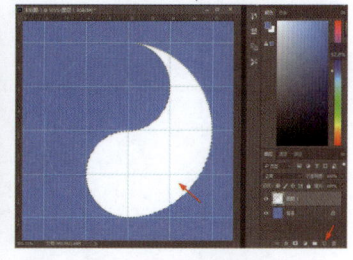　　　　图 6-37　在"图层 1"中填充白色

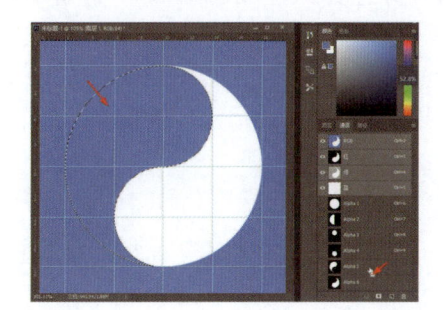

图 6-38　载入选区 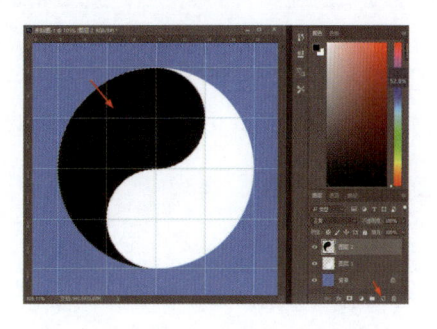　　　　图 6-39　在"图层 2"中填充黑色

（12）单击"图层"面板下方的"创建新图层"按钮 ，得到"图层 3"，使用"椭圆选框工具" ，按住 Alt+Shift 组合键，拖动鼠标创建如图 6-40 所示的小正圆形选区（直径约为 1.7 厘米），向选区内填充白色。接下来，使用"椭圆选框工具"将该选区垂直向下移动到如图 6-41 所示的位置，并填充黑色。然后执行"视图"→"清除参考线"命令，得到最终效果图，如图 6-15 所示。最后执行"文件"→"存储为"命令保存文件。

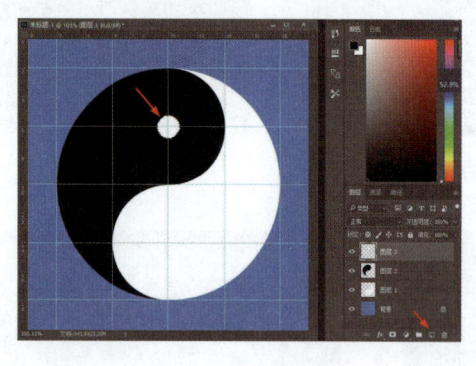

图 6-40　在"图层 3"中填充白色 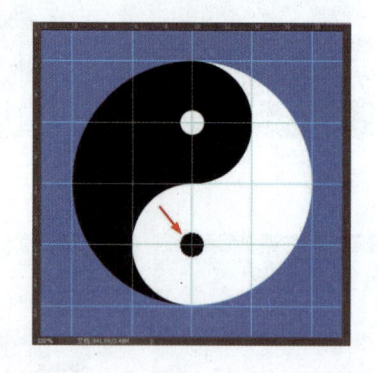　　　　图 6-41　在"图层 3"中填充黑色

操作技巧

如果当前图像中存在选区，按住 Ctrl 键单击"通道"面板中的某一个 Alpha 通道，可以将它作为一个新的选区载入；按 Ctrl+Shift 组合键单击这个 Alpha 通道，可将它添加到现有选区中；按 Ctrl+Alt 组合键单击这个 Alpha 通道，可以从当前的选区中减去载入的选区；按 Ctrl+Shift+Alt 组合键单击这个 Alpha 通道，可进行与当前选区相交的操作。

任务三　利用通道进行人物磨皮

一、任务目标及效果说明

学习使用通道、计算等操作为人物脸部进行磨皮。主要使用计算、通道、曲线进行祛斑。大致思路为：先选择合适的通道并复制，然后通过计算及滤镜把斑点处理明显，得到斑点的选区后再用曲线调亮消除斑点。

本任务的素材如图 6-42 所示，完成的效果图如图 6-43 所示。

二、制作步骤

（1）执行"文件"→"打开"命令，打开素材，进入"通道"面板，复制蓝通道，得到蓝拷贝，激活蓝拷贝，如图 6-44 所示。

（2）执行"滤镜"→"其他"→"高反差保留"命令，如图 6-45 所示。

项目六 通道

图 6-42 素材　　　　　　　　图 6-43 完成的效果图

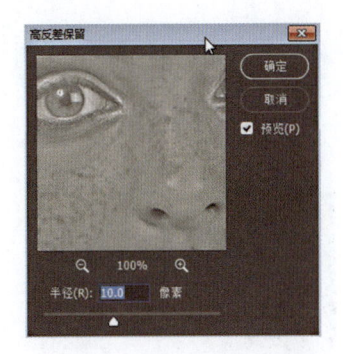

图 6-44 复制蓝通道　　　　　　图 6-45 其他高反差保留面板

（3）执行"图像"→"计算"命令，采用强光混合模式、其参数如图 6-46 所示。

（4）重复执行步骤（3）中的"图像"→"计算"命令，直到脸部斑点都计算清楚为止，计算后的效果如图 6-47 所示。

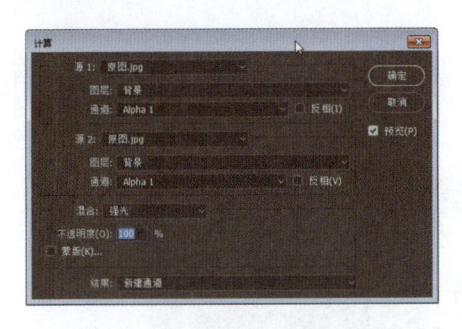

图 6-46 "计算"参数　　　　　图 6-47 计算后效果图

（6）按住 Ctrl 键，鼠标单击通道中的 Alpha 5，以 Alpha 5 作为选区，如图 6-48 所示，载入选区效果如图 6-49 所示。

97

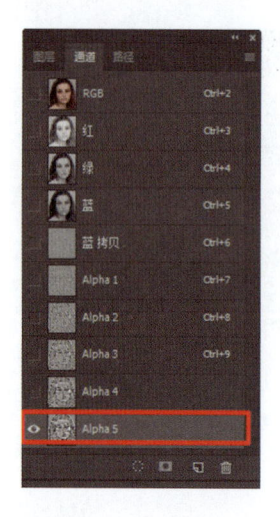

图 6-48　载入选区　　　　　　　图 6-49　载入选区效果

（7）接下来，由"通道"切换到"图层"，执行"选择"→"反选"命令，反选出脸部斑点。并创建"曲线调整"图层，在"曲线"对话框中进行垂直向上拉提亮。如图 6-50 所示，调整后的效果如图 6-51 所示。

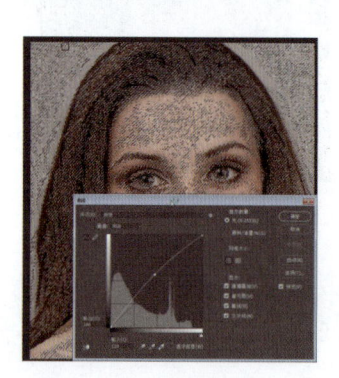

图 6-50　调整曲线　　　　　　　图 6-51　调整后效果

（8）执行"滤镜"→"液化"命令，调整脸部，参数设置如图 6-52 所示，最终效果如图 6-43 所示。

图 6-52　液化面板

习　题

1. 简述通道的概念、作用及使用。
2. 利用通道为人物更换背景。素材如图 6-53 所示，完成的效果图如图 6-54 所示。
3. 利用通道进行人物磨皮。素材如图 6-55 所示，完成的效果图如图 6-56 所示。

图 6-53　素材

图 6-54　完成的效果图

图 6-55　素材　　　　　　　　　　图 6-56　完成的效果图

项目七
路 径

知识准备

一、路径

路径是基于贝塞尔曲线建立的矢量图形。使用路径可以进行复杂图像的选取，还可以存储选取区域以备再次使用，更可以绘制线条平滑的优美图形，如图7-1所示。

下面先认识几个概念。

- 锚点：由钢笔工具创建，是一个路径中两条线段的交点，路径是由锚点组成的。
- 直线点：按住Alt键并单击刚建立的锚点，可以将锚点转换为带有一个独立调节手柄的直线锚点。
- 直线锚点：是一条直线段与一条曲线段的连接点。
- 曲线点：是带有两个独立调节手柄的锚点。
- 曲线锚点：是两条曲线段之间的连接点，调节手柄可以改变曲线的弧度。
- 直线段：用钢笔工具在图像中单击两个不同的位置，将在两点之间创建一条直线段。
- 曲线段：拖动曲线锚点可以创建一条曲线段。
- 端点：路径的结束点就是路径的端点。

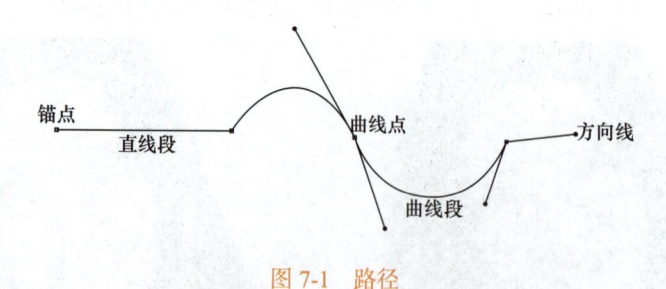

图7-1 路径

二、钢笔工具

"钢笔工具"是一种矢量工具，主要用于抠出复杂的图像，以及绘制各种矢量绘图。矢量绘图有3种不同的模式，其中"路径"模式允许我们使用"钢笔工具"绘制矢量的路径。钢笔工具绘制的路径可控制性极强，而且在绘制完成后可以进行重复修改,非常适合绘制精细而复杂的路径。

在使用"钢笔工具"进行精确抠图时,需要用到"钢笔工具组"和"选择工具组"。钢笔工具组包括:"钢笔工具""自由钢笔工具""添加锚点工具""删除锚点工具""转换点工具",选择工具组包括:"路径选择工具""直接选择工具",如图 7-2、图 7-3 所示。

图 7-2 钢笔工具　　　　图 7-3 选择工具

任务一　利用路径制作霓虹灯效果的文字

一、任务目标及效果说明

通过本任务的制作使学生学习文字选区的创建方法,选区与路径的转换方法,以及对路径进行描边的方法,能够熟练掌握和使用"文字工具"和"路径"面板中的选区变路径命令和描边路径命令来制作霓虹灯效果的文字。

本任务完成的效果图如图 7-4 所示。

图 7-4　完成的效果图

二、制作步骤

(1)执行"文件"→"新建"命令,新建一个 30 厘米×10 厘米,分辨率为 72 像素/英寸的文件,如图 7-5 所示。将"背景"图层填充黑色。

(2)使用工具栏中的"横排文字蒙版工具" ,在图像中输入"创新学院",字体为华文行楷,字号为 200 点,生成文字选区,如图 7-6、图 7-7 所示。

(3)打开"路径"面板,单击面板下方的"从选区生成工作路径"按钮,将文字选区变换成文字路径,如图 7-8、图 7-9 所示。

(4)单击"图层"面板下方的"创建新图层"按钮 ,得到"图层 1",如图 7-10 所示。选择工具栏中的"画笔工具" ,在选项栏中按照图 7-11 所示设置画笔参数,

大小为 35 像素，硬度为 0%，不透明度为 12%。接下来，设置前景色（R：241，G：84，B：249），如图 7-12 所示，并单击"路径"面板下方的"用画笔描边路径"按钮，如图 7-13 所示。

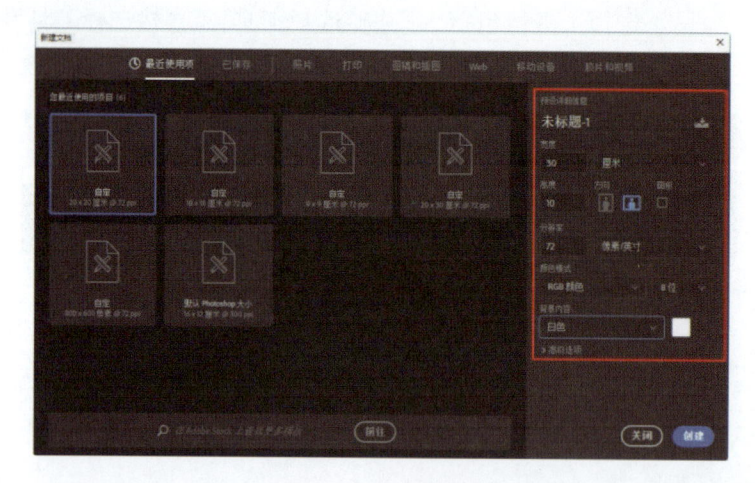

图 7-5　新建文件

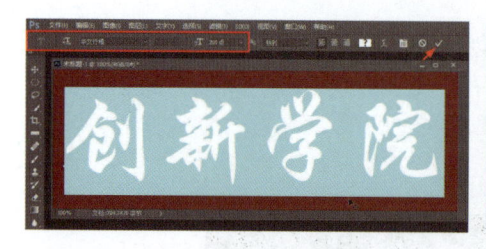

图 7-6　输入"创新学院"　　　　　　　　图 7-7　创建文字选区

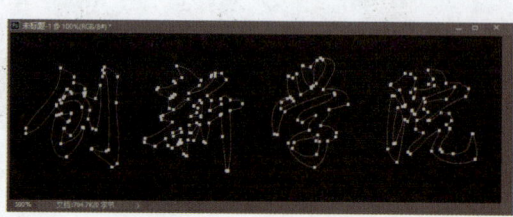

图 7-8　将选区保存为路径　　　图 7-9　生成路径　　　图 7-10　新建图层

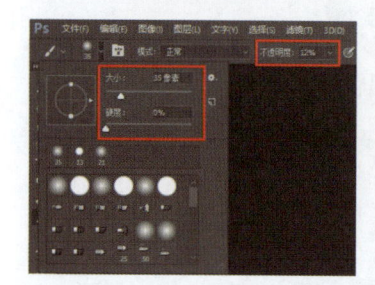

图 7-11　设置画笔参数　　　图 7-12　设置前景　　　图 7-13　描边路径

项目七　路径

（5）重新修改"画笔工具"的参数：大小为 21 像素，硬度为 0%，不透明度为 35%。再次单击"路径"面板下方的"用画笔描边路径"按钮。如图 7-14、图 7-15 所示。

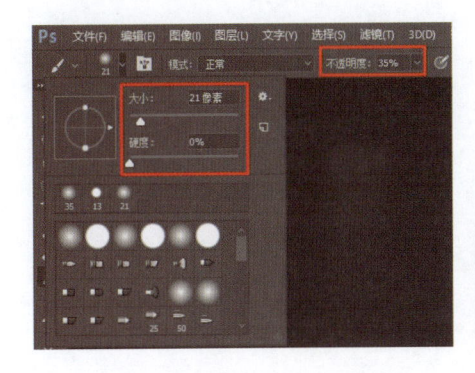

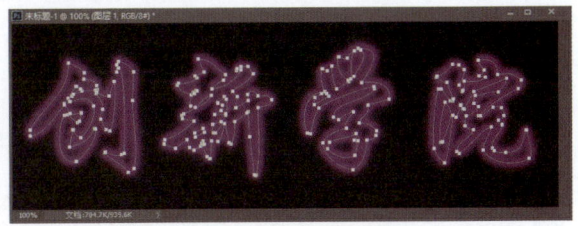

图 7-14　重新设置画笔参数　　　　　　　图 7-15　描边路径后的效果

（6）重新修改"画笔工具"的参数：大小为 5 像素，硬度为 0%，不透明度为 100%，设置前景色（R：241，G：138，B：249），再次单击"路径"面板下方的"用画笔描边路径"按钮。如图 7-16、图 7-17、图 7-18 所示。

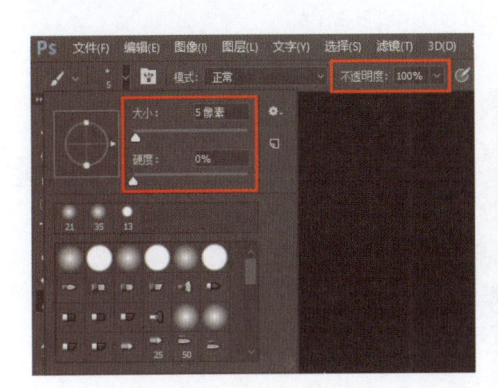

图 7-16　设置画笔参数　　　　　　　图 7-17　设置前景色

图 7-18　描边路径后的效果

（7）打开"路径"面板，在面板空白处单击鼠标以隐藏图像中的路径，最后对图像进行保存。最终效果如图 7-4 所示。

103

操作技巧

如果将图像中的选区转换成路径，除可以直接单击"路径"面板下方的"从选区生成工作路径"按钮外，也可以按住 Alt 键不放再单击"路径"面板下方的"从选区生成工作路径"按钮，选择"路径"面板菜单中的"建立工作路径"菜单项，打开"建立工作路径"对话框后，在"容差"文本框中输入 0.5～10.0 之间的数值，控制转换后路径的平滑程度（设置的容差值越大，用于绘制路径的锚点越少，路径越平滑。反之，路径会更加接近选区的形状），然后单击"确定"按钮即可将选区转换为路径。

任务二　利用路径绘制卡通图像

一、任务目标及效果说明

通过学习钢笔工具、转换点工具、直接选择工具，结合渐变工具、旋转复制命令等，绘制卡通图片。在本任务中，主要使用钢笔工具、转换点工具和直接选择工具。

本任务的素材如图 7-19 所示，完成的效果图如图 7-20 所示。

图 7-19　素材

图 7-20　完成的效果图

二、制作步骤

（1）执行"文件"→"新建"命令，新建一个 40 厘米 ×12 厘米，分辨率为 72

项目七　路径

像素/厘米，CMYK 模式的文件，如图 7-21 所示。

（2）单击"图层"面板下方的"创建新组"按钮，创建一个"组 1"，将其重命名为"花盆"。在"花盆"组下面创建一个图层，将其重命名为"花盆（外）"。单击"路径面板"下面的按钮，创建新路径，重命名为"花盆"；使用"钢笔工具"绘制形状，使用"转换点工具""直接选择工具"进行形状的调整，如图 7-22、图 7-23 所示。

图 7-21　创建文件

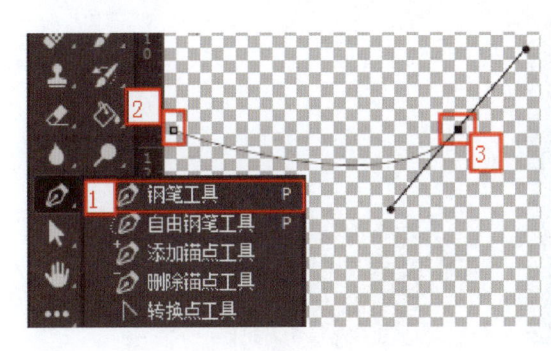

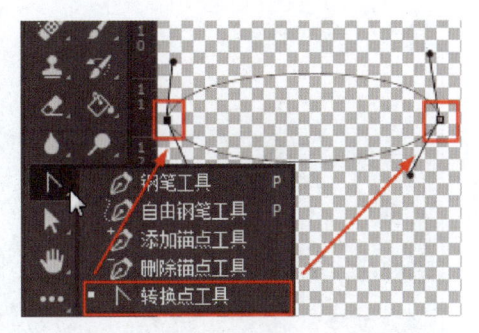

图 7-22　绘制路径"花盆（外）"　　　图 7-23　转换点工具调整形状

（3）回到"路径"面板，选中路径"花盆（外）"，单击"将路径作为选区载入"按钮，如图 7-24 所示，将创建好的路径转换为选区；单击"前景色"，进行如图 7-25 所示的设置；按 Alt+Delete 组合键，填充前景色，如图 7-26 所示。

（4）在"花盆"组下面创建一个新图层，将其重命名为"花盆（中）"。单击"路径面板"下面的"创建新路径"按钮，创建新路径；使用"钢笔工具"绘制形状，使用"转换点工具"和"直接选择工具"进行形状的调整，如图 7-27 所示。

图 7-24　路径转换为选区　　　图 7-25　设置需要填充的颜色

（5）回到"路径"面板，选中路径"花盆（中）"，单击"将路径作为选区

105

载入"按钮 ，将创建好的路径转换为选区。单击"前景色",进行如图 7-28 所示的设置;按 Alt+Delete 组合键,填充前景色,如图 7-29 所示。

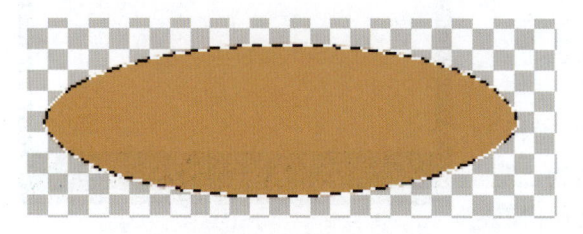

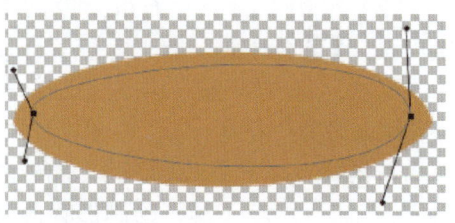

图 7-26　填充颜色　　　　　　　　　图 7-27　绘制路径"花盆（中）"

图 7-28　设置需要填充的颜色　　　　　图 7-29　填充颜色

（6）使用同样的方法,绘制"花盆（内）"并填充颜色,如图 7-30、图 7-31、图 7-32 所示。

图 7-30　绘制路径"花盆（内）"　　　图 7-31　设置需要填充的颜色

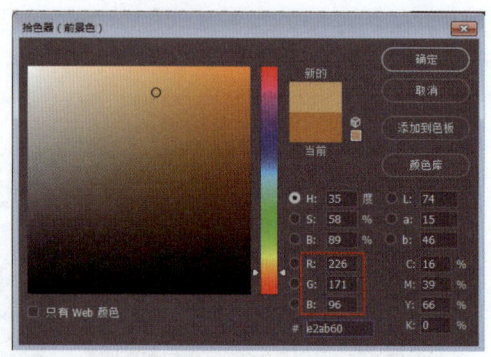

（7）使用同样的方法,绘制"花盆（高光）"并填充颜色,如图 7-33、图 7-34、图 7-35 所示。

（8）使用同样的方法,绘制"花盆（主体）"并填充颜色,如图 7-36、图 7-37、图 7-38 所示。

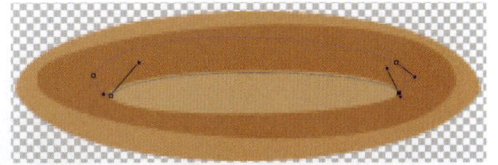

图 7-32　填充颜色　　　　　　　　图 7-33　绘制路径"花盆（高光）"

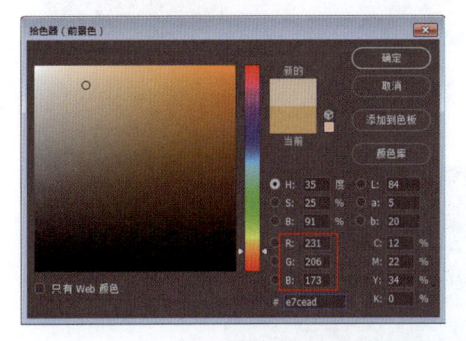

图 7-34　设置需要填充的颜色　　　　图 7-35　填充颜色

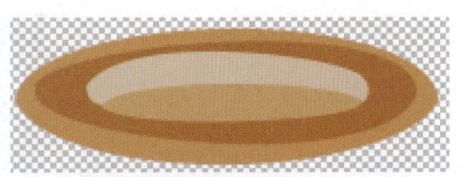

图 7-36　绘制路径"花盆（主体）"　图 7-37　设置需要填充的颜色　　图 7-38　填充颜色

（9）绘制叶子。单击"图层"面板下方的"创建新组"按钮，创建一个"组2"，将其重命名为"叶子"。在"叶子"组下面创建一个图层，将其重命名为"叶子（左）"。单击"路径"面板下面的"创建新路径"按钮，创建新路径，并重命名为"叶子（左）"。使用"钢笔工具"绘制形状，使用"转换点工具""直接选择工具"进行形状的调整，如图 7-39 所示。

（10）单击"前景色"，进行如图 7-40 所示的设置；选择"画笔工具"，设置笔尖形状及大小，如图 7-41 所示。

（11）回到"路径"面板，选中路径"叶子（左）"，单击"用画笔描边路径"按钮，对路径进行描边，如图 7-42 所示。

（12）单击图层"叶子（左）"，选择"魔棒工具"，选中需要填充颜色的区域，如图 7-43 所示，执行"选择"→"修改"→"扩展选区"命令，设置为扩展 2 个像素。

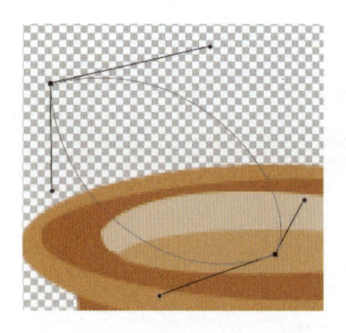

图 7-39 绘制路径"叶子（左）"

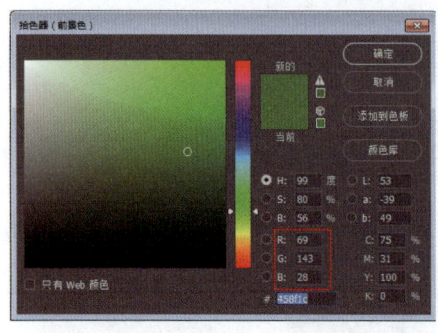

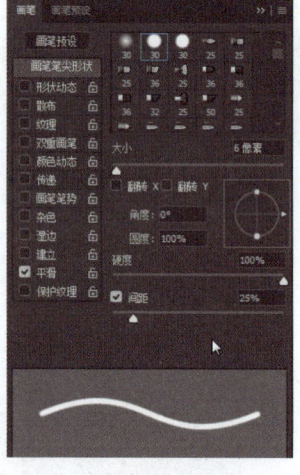

图 7-40 设置需要填充的颜色　　图 7-41 设置笔尖形状及大小　　图 7-42 路径描边

（13）单击"前景色"，进行如图 7-44 所示的设置；按 Alt+Delete 组合键，填充前景色；用同样的方法填充叶子的其他区域，填充结果如图 7-45 所示。

图 7-43 选择区域　　图 7-44 设置需要填充的颜色　　图 7-45 填充"叶子（左）"颜色

（14）在"叶子"组下面创建一个图层，将其命名为"叶子（右）"。单击"路径"面板下方的 ▫ 按钮，创建新路径，并重命名为"叶子（右）"。使用"钢笔工具"绘制形状，使用"转换点工具""直接选择工具"进行形状的调整，如图 7-46 所示。

（15）单击图层"叶子（右）"，选择"魔棒工具"，选中需要填充颜色的区域，执行"选择"→"修改"→"扩展选区"命令，设置为扩展两个像素，得到如图 7-47 所示的效果。

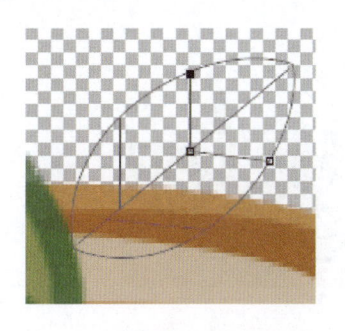

图 7-46　绘制路径"叶子（右）"　　　　图 7-47　填充"叶子（右）"颜色

（16）单击"图层"面板下方的按钮，创建新图层，将其重命名为"茎"；单击"路径"面板下方的按钮，创建新路径，并重命名为"茎"，使用"钢笔工具"绘制形状，使用"转换点工具""直接选择工具"进行形状的调整，如图 7-48 所示。

（17）单击"前景色"，进行如图 7-49 所示的设置；回到"路径"面板，选中路径"茎"，单击"用画笔描边路径"按钮，对路径进行描边，如图 7-50 所示。

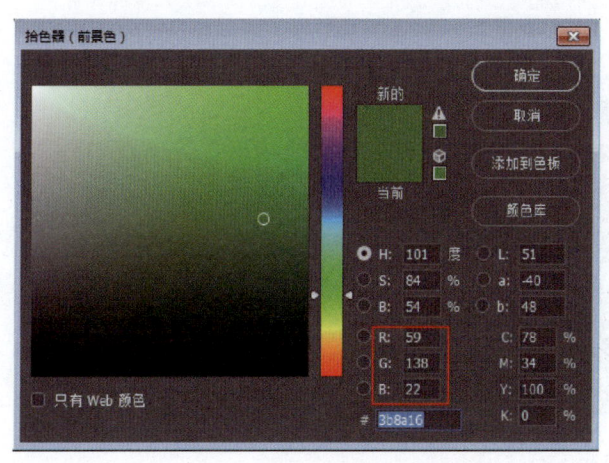

图 7-48　绘制路径"茎"　　　图 7-49　设置需要填充的颜色　　　图 7-50　画笔描边

（18）单击"前景色"，进行如图 7-51 所示的设置；回到"图层"面板，单击"茎"图层，使用"魔棒工具"选中"茎"中间空白之处，按 Alt+Delete 组合键，填充前景色，如图 7-52 所示。

（19）绘制花朵。单击"图层"面板下方的"创建新组"按钮，创建一个"组3"，将其重命名为"花朵"。在"花朵"组下面创建一个图层，将其命名为"花瓣（外）"。单击"路径"面板下方的按钮，创建新路径，并重命名为"花瓣（外）"。

109

使用"钢笔工具"绘制形状，使用"转换点工具"和"直接选择工具"进行形状的调整，如图7-53所示。

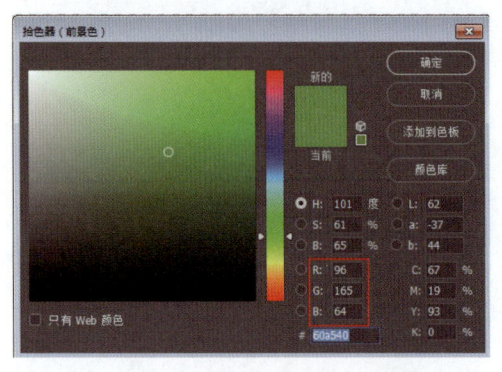

图7-51　设置需要填充的颜色 　　图7-52　填充"茎"颜色 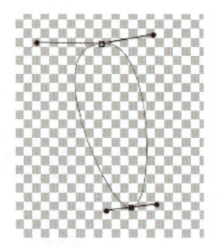　　图7-53　绘制路径"花瓣（外）"

（20）选中图层"花瓣（外）"，单击"路径"面板下方的"将路径作为选区载入"按钮，将创建好的路径转换为选区；单击"前景色"，进行如图7-54所示的设置；按Alt+Delete组合键，填充前景色，如图7-55所示。

（21）单击"路径"面板下方的按钮，创建新路径，并重命名为"花瓣（内）"。使用"钢笔工具"绘制形状，使用"转换点工具""直接选择工具"进行形状的调整，如图7-56所示。

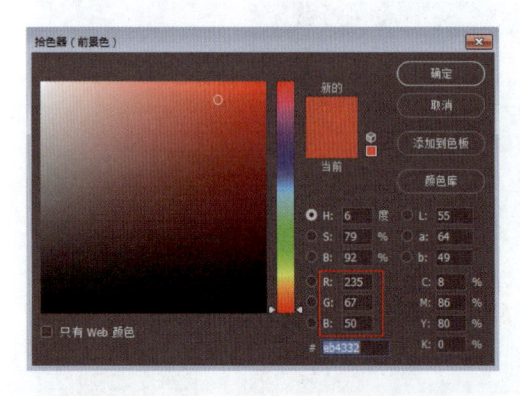

图7-54　设置需要填充的颜色 　　图7-55　填充"花瓣（外）"颜色 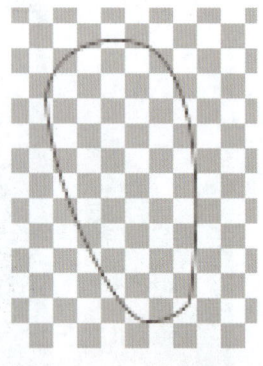　　图7-56　绘制路径"花瓣（内）"

（22）在"花朵"组下面创建一个图层，将其命名为"花瓣（内）"。选中图层"花瓣（内）"，单击"路径"面板下方的"将路径作为选区载入"按钮，将创建好的路径转换为选区；单击"前景色"，进行如图7-57所示的设置；按Alt+Delete组合键，填充前景色，如图7-58所示。

（23）选择"加深工具"对图层"花瓣（内）"顶部进行加深操作，选择"减淡工具"对图层"花瓣（内）"底部进行减淡操作，效果如图7-59所示。

项目七　路径

图 7-57　设置需要填充的颜色 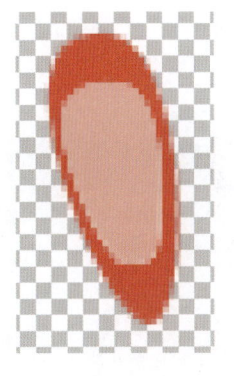　　　图 7-58　填充"花瓣（内）"颜色 　　　图 7-59　加深、减淡操作

（24）选中图层"花瓣（外）"和图层"花瓣（内），按 Ctrl+Alt+Shift+E 组合键，进行图层盖印，得到"图层 1"，如图 7-60 所示。

（25）隐藏图层"花瓣（外）"和图层"花瓣（内），将图层 1 重命名为"花瓣"，复制图层"花瓣"，得到图层"花瓣拷贝"，如图 7-61 所示。

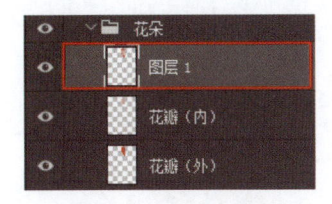

图 7-60　图层盖印 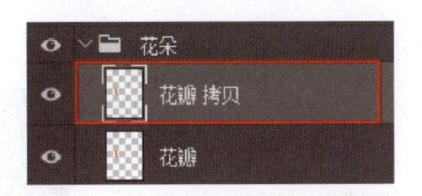　　　图 7-61　复制图层"花瓣"

（26）选中图层"花瓣拷贝"，按 Ctrl+T 组合键，进行自由变换，使用"移动工具"移动中心点，如图 7-62 所示。

（27）设置图层"花瓣拷贝"的旋转角度为 30°，接下来，按 Enter 键确定设置，再次按 Enter 键确定旋转，如图 7-63 所示。

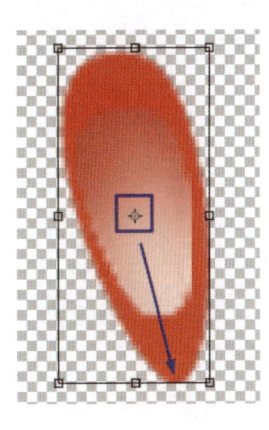

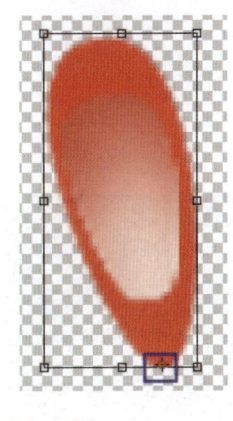

图 7-62　移动中心点 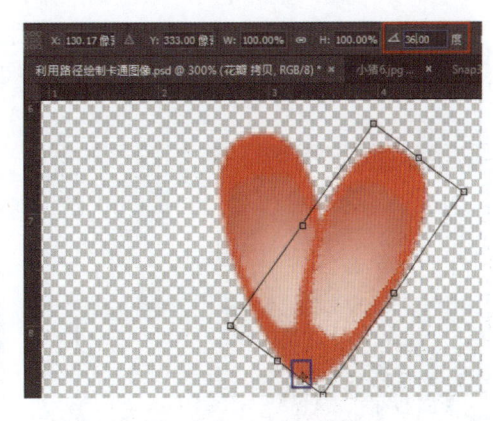　　　图 7-63　设置旋转角度

111

（28）按住 Ctrl+Alt+Shift+T 组合键，进行图层的复制旋转，共 8 次，如图 7-64 所示。

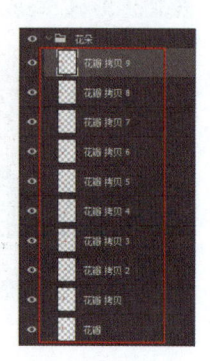

图 7-64　复制旋转图层

（29）选中所有花瓣图层，单击"图层"面板下方的"链接图层"按钮 ⇨，进行图层链接，按 Ctrl+T 组合键进行自由变换，调整大小，以及调整至合适的位置，如图 7-65 所示。

（30）在"花朵"组下面创建一个图层，将其命名为"花蕊"，选择"椭圆选框工具"，同时按 Alt+Shift 组合键，绘制正圆，如图 7-66 所示，绘制正圆的同时得到新路径，将新路径重命名为"花蕊"。

图 7-65　花朵旋转制作 　　　　图 7-66　绘制路径"花蕊"

（31）单击"前景色"，进行如图 7-67 所示的设置；单击"画笔工具"，设置画笔参数，如图 7-68 所示。回到"路径"面板，选中路径"花蕊"，单击"用画笔描边路径"按钮 ○，选择对路径进行描边，如图 7-69 所示。

图 7-67　设置需要填充的颜色 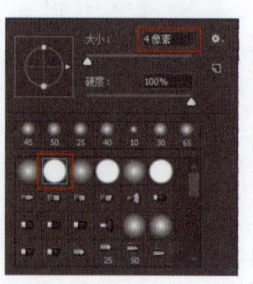　　图 7-68　设置画笔参数 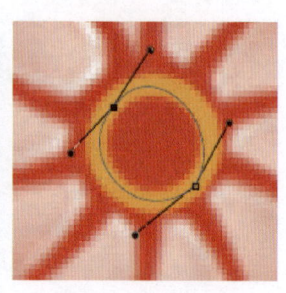　　图 7-69　画笔描边

112

(32)回到"路径"面板,单击"路径"面板下方的按钮█,创建新路径,并重命名为"花蕊颜色"。单击"前景色",进行如图 7-70 所示的设置,按 Alt+Delete 组合键,填充前景色,如图 7-71 所示。

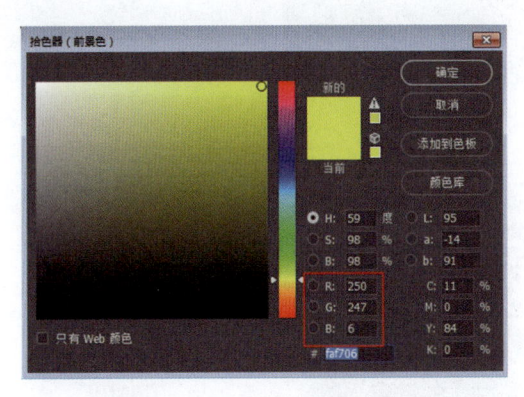

图 7-70　绘制路径"花蕊填充"　　　　图 7-71　花蕊颜色填充

(33)执行"文件"→"打开"命令,打开背景图素材。

(34)使用"移动工具"将制作好的鲜花移入"背景"文件,执行"编辑"→"自由变换"命令,按住 Shift 键进行等比缩放,同时调整大小,将其移到适当的位置,如图 7-72 所示。

图 7-72　移入鲜花

(35)执行"文件"→"打开"命令,打开小熊素材。

(36)利用"魔棒工具"将"小熊"进行图像抠取处理,接下来使用"移动工具"将小熊移入"背景"文件,执行"编辑"→"自由变换"命令,按住 Shift 键进行等比缩放,同时调整大小,将其移到适当的位置,如图 7-73 所示。

(37)绘制音乐符。单击"图层"面板下方的按钮█,创建新图层,将其重命名为"音乐符";回到"路径"面板,单击"路径"面板下方的按钮█,创建新路径,并重命名为"音乐符";使用"钢笔工具"绘制音乐符形状,使用"转换点工具""直接选择工具"进行形状的调整,如图 7-74 所示。

(38)单击"路径"面板下方的"将路径作为选区载入"按钮█,将创建好的路径转换为选区;单击"前景色",进行如图 7-75 所示的设置;按住 Alt+Delete 组合键,填充前景色,如图 7-76 所示。

113

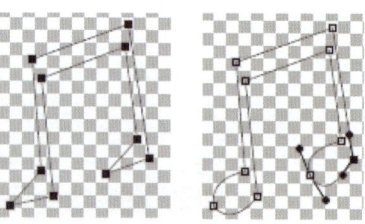

图 7-73　移入"小熊"　　　　　图 7-74　绘制音乐符形状

图 7-75　设置音乐符的颜色　　　　图 7-76　填充音乐符颜色

（39）用同样的方法，制作其他几个音乐符，得到最终效果，如图 7-20 所示。

任务三　利用路径制作邮票和信封

一、任务目标及效果说明

学习使用自定义形状工具、文字工具、画笔工具、羽化及变换命令、描边命令等操作，制作富有特色的邮票和信封。在本任务中，主要使用到了自定义形状工具、描边命令等。

本任务的素材如图 7-77 所示，完成的效果图如图 7-78 所示。

图 7-77　素材

项目七　路径

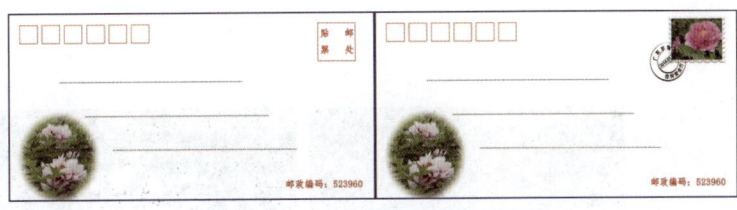

邮票　　　　　　　　　信封　　　　　　　　　带邮戳的信封

图 7-78　完成效果图

二、制作步骤

（1）制作邮票。执行"文件"→"新建"命令，新建一个 100 毫米 ×80 毫米，分辨率为 200 像素 / 英寸，RGB 模式的文件，背景色为白色，文件命名为"邮票"，如图 7-79 所示。

（2）执行"文件"→"置入嵌入的智能对象"命令，打开素材"牡丹 .jpg"，如图 7-80 所示。按 Enter 键完成置入操作，接着将该图层栅格化，如图 7-81 所示。

图 7-79　创建文件"邮票"　　　图 7-80　置入嵌入的智能对象　　　图 7-81　栅格化图层

（3）执行"自定义形状工具"→"形状"命令，单击 按钮，选择"全部"，单击"确定"按钮，如图 7-82 所示。

（4）在"形状"中找到"邮票 1"，绘制路径，如图 7-83 所示。

（5）回到"路径"面板，选中"工作路径"，单击"将路径作为选区载入" 按钮，将路径转换为选区，如图 7-84 所示；执行"选择"→"反选"命令，得到邮票边缘选区，如图 7-85 所示。按下 Delete 键，制作出邮票的边缘效果，如图 7-86 所示。

（6）从标尺处拖动水平参考线、垂直参考线，如图 7-87 所示。

（7）使用"魔棒工具"选中邮票空白边缘，执行"选择"→"反向"命令，得到整个邮票选区；选择"矩形选框工具"，在其属性栏处，选择"从选区减去"，如图 7-88 所示。将前景色设为白色，按下 Alt+Delete 组合键，填充前景色，如图 7-89 所示。

115

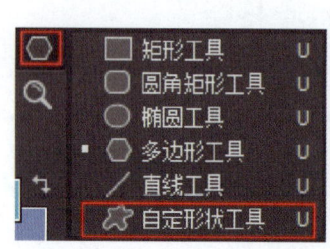

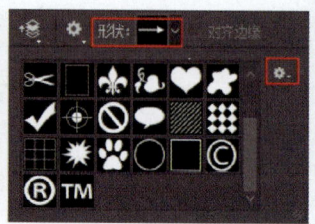

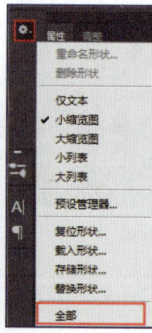

图7-82 选择"邮票1"的形状

图7-83 绘制"邮票1"路径 　　图7-84 将路径作为选区载入 　　图7-85 得到邮票边缘选区

图7-86 完成邮票　　图7-87 水平、垂直　　图7-88 从选区减去 　　图7-89 填充邮票边缘
　　　　边缘的制作　　　　　　辅助线　　　　　　　　　　　　　　　　　　　为白色

（8）单击"前景色"，进行如图7-90所示的设置；选择"横排文字工具"，输入邮票面值，选中面值"20"，在字符面板处设为"上标"，如图7-91所示；选择"直排文字工具"输入"中国邮政"等字样，如图7-92所示。

图7-90 设置文字颜色 　　图7-91 输入邮票面值 　图7-92 完成的邮票效果图

（9）制作信封。新建一个 220 毫米 ×110 毫米，分辨率为 200 像素 / 英寸，RGB 模式的文件，背景色为白色，将文件命名为"信封"，如图 7-93 所示。

（10）单击"图层"面板下方的"创建新组"按钮，创建一个"组 1"，将其重新命名为"邮编方框"。在"邮编方框"组下面创建一个图层，将其命名为"邮编"。选择"矩形工具"，将属性栏设置为"路径"，同时按住 Alt+Shift 组合键，绘制正方形，如图 7-94 所示。

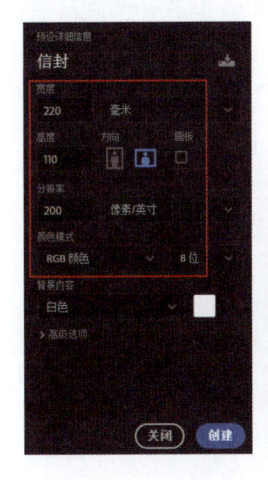

图 7-93 创建文件"信封"　　　　　　　图 7-94 绘制正方形路径

（11）单击"前景色"，进行如图 7-95 所示的设置；选择"画笔工具"，进行如图 7-96 所示的设置，对路径进行描边，得到正方形，如图 7-97 所示。

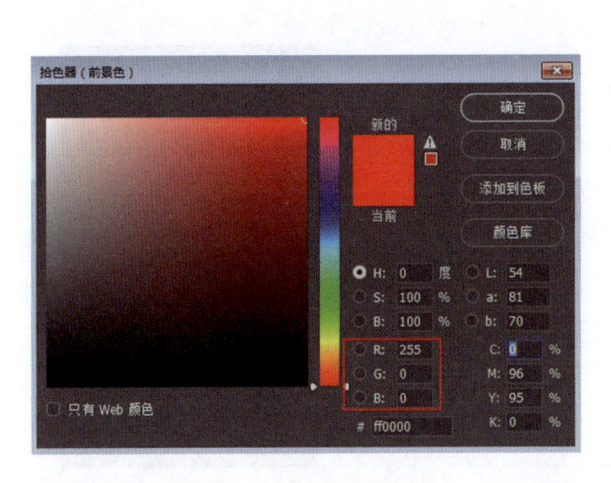

图 7-95 设置正方形颜色　　　　　　　图 7-96 设置"画笔"参数

（12）按住 Alt 键，使用"移动工具"对正方形进行复制，得到第二个正方形，如图 7-98 所示。

图 7-97 "路径"描边　　　　　　图 7-98 复制正方形

（13）用同样的复制方法再复制 4 个正方形。接下来将 6 个正方形所在的图层全部选中，单击属性栏上的"垂直居中分布"与"水平居中分布"，如图 7-99、图 7-100 所示。

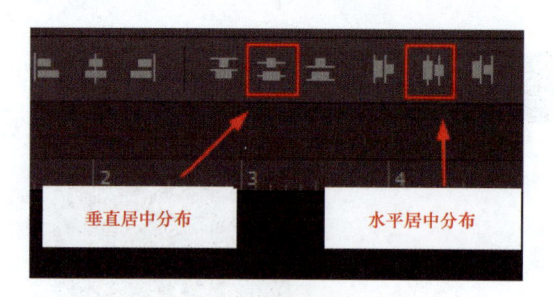

图 7-99 垂直、水平居中分布设置　　　图 7-100 6 个正方形

（14）单击"图层"面板下方的"创建新组"按钮，创建一个"组 1"，将其重新命名为"收件人地址框"。在"邮编方框"组下面创建一个图层，将其重命名为"收件人地址"。选择"直线工具"，绘制时按住 Shift 键，绘制直线，如图 7-101 所示；选择"画笔工具"，并进行如图 7-102 所示的设置，对直线路径进行描边，得到虚线，如图 7-103 所示。

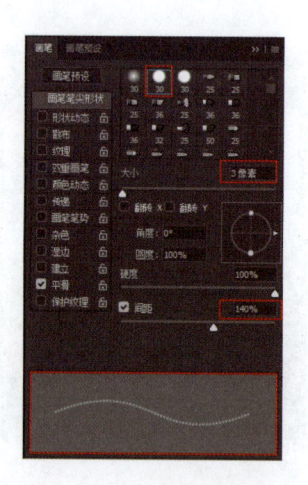

图 7-101 绘制直线　　　　　　图 7-102 设置画笔参数

（15）按住 Alt 键，使用"移动工具"对虚线进行复制，得到其他两条虚线，从标尺处拖动垂直参考线，设置 3 条虚线的位置，如图 7-104 所示。

118

图 7-103　画笔描边　　　　　　　　　图 7-104　图设置三条虚线位置

（16）单击"图层"面板下方的"创建新组"按钮，创建一个"组 1"，将其重新命名为"贴邮票处"。在"贴邮票处"组下面创建一个图层，将其命名为"贴邮票处方框"。选择"矩形选框工具"，将属性栏设置为"路径"，同时按住 Alt+Shift 组合键，绘制正方形，如图 7-105 所示。单击"前景色"，进行如图 7-106 所示的设置；选择"画笔工具"，进行如图 7-107 所示的设置，对路径进行描边，得到正方形，如图 7-108 所示。

图 7-105　绘制正方形　　　　　　　　图 7-106　设置正方形颜色

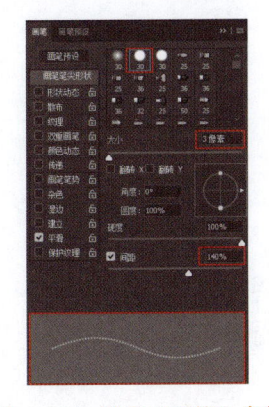

图 7-107　设置"画笔"参数　　　　　　图 7-108　"路径"描边

（17）单击"文字工具"，字体设置为"仿宋"，输入文字，如图 7-109 所示。

（18）执行"文件"→"打开"命令，打开"牡丹 1.jpg"素材。选择"椭圆选框工具"，在属性栏设置羽化值为 20 像素，绘制椭圆选区。执行"图层"→"新建"→"通过拷贝的图层"命令，得到"图层 1"，如图 7-110 所示。

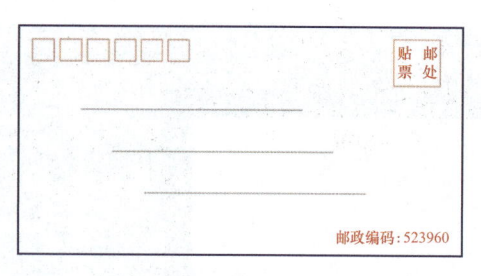

图 7-109　输入文字　　　　　　　　　　　图 7-110　羽化后的牡丹图片

（19）使用"移动工具"将抠取的"图层 1"移到"信封"文件上，调整大小及位置，得到信封的最终效果图，如图 7-111 所示。

（20）使用"移动工具"将"邮票"移到"信封"文件，调整大小及位置，为了使邮票看起来有立体感，选中邮票所在的图层，单击鼠标右键，选择"混合选项"→"阴影"，进行如图 7-112 所示的设置，得到如图 7-113 所示的效果。

（21）制作邮戳。单击"图层"面板下方的"创建新组"按钮，创建一个"组 1"，将其重命名为"邮戳"。在"邮编方框"组下面创建一个图层，将其重命名为"邮戳"。从标尺处拖动水平参考线、垂直参考线，选择"椭圆选框工具"，同时按住 Alt+Shift 组合键，绘制正圆，如图 7-114 所示。

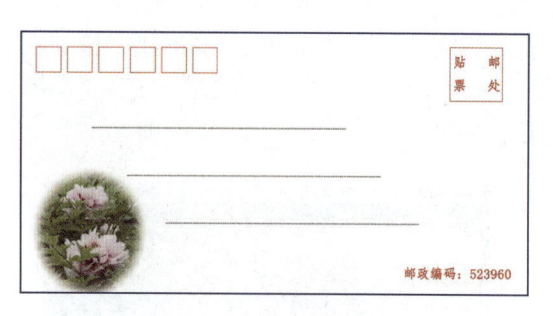

图 7-111　完成的信封效果图

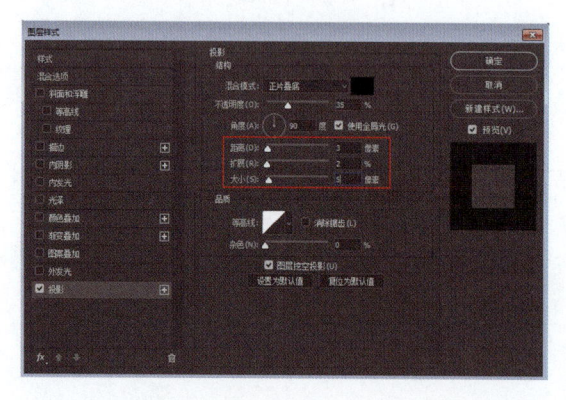

图 7-112　设置画笔的"阴影"参数　　　　图 7-113　移入邮票的效果

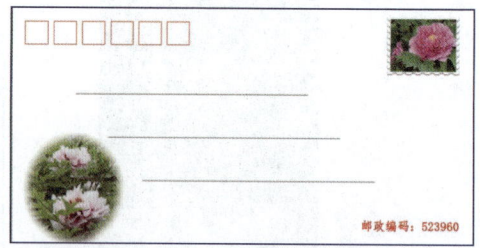

（22）将"前景色"设置为黑色；选择"画笔工具"，进行如图 7-115 所示的设置；回到"路径"面板，选中"工作路径"，单击鼠标右键，选择"描边路径"，进行如图 7-116 所示的设置，得到如图 7-117 所示的效果。

120

项目七　路径

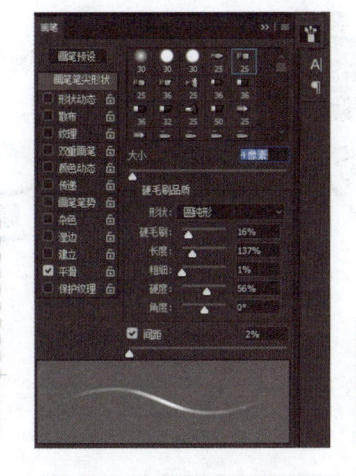

图 7-114　绘制路径"圆"　　　图 7-115　设置画笔形状　　　图 7-116　设置描边参数

（23）回到"路径"面板，选中"工作路径"，按住 Ctrl+T 组合键进行自由变换，同时按住 Alt+Shift 组合键进行等比缩放；接下来，用同样的方法进行描边。如图 7-118、图 7-119 所示。

图 7-117　"路径"描边　　　图 7-118　变换路径大小　　　图 7-119　"路径"描边

（24）回到"路径"面板，选中"工作路径"，选择"文字工具"，输入文字，如图 7-120 所示。

（25）选择"钢笔工具"绘制路径，如图 7-121 所示。使用"转换点工具"调整路径方向，选择"文字工具"，输入文字，如图 7-122 所示。

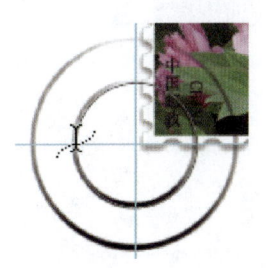

图 7-120　输入文字　　　图 7-121　使用"钢笔工具"绘制路径

（26）选择"矩形选框工具"绘制路径；将"前景色"设置为黑色；选择"画笔工具"，回到"路径"面板，单击"路径"面板下方的"用画笔描边路径"按钮，进行描边，得到如图 7-123 所示的效果。

121

图 7-122　输入营业厅名称　　　　　　图 7-123　描边路径

(27) 使用"文字工具",在属性栏进行如图 7-124 所示的设置,输入日期"2018.01.22",得到如图 7-125 所示的效果。至此,带邮戳的信封的制作完成,如图 7-126 所示。

图 7-124　设置字体

图 7-125　输入日期　　　　　　图 7-126　最终效果

习　题

1. 使用钢笔工具制作卡通小猪,完成的效果图如图 7-127 所示。
2. 使用钢笔工具制作小鸡图片,完成的效果图如图 7-128 所示。
3. 使用钢笔工具制作卡通老鼠,完成的效果图如图 7-129 所示。

图 7-127　完成的效果图　　　图 7-128　完成的效果图　　　图 7-129　完成的效果图

项目八
图像调整

知识准备

在平面设计中,色彩调整是一个很重要的环节。例如,在设计美食海报时,同样一张食物的照片,由于色彩饱和度的不同,有些看起来会更加美味,如图 8-1 所示。

图 8-1　不同色彩饱和度的对比效果

在进行色彩调整时,经常会听到"亮度/对比度""直方图""色阶""曲线""曝光度""明度""饱和度""色相""颜色模式"等关键词。下面分别进行简单介绍。

- 亮度/对比度:常用于调整太暗或太亮的图像,如图 8-2、图 8-3 所示。

图 8-2　"亮度/对比度"对话框　　　图 8-3　"亮度/对比度"调整后的对比效果

- 直方图：以图形的形式显示图像的每个亮度级别的像素数量。在直方图中，横向代表亮度，左侧为暗部区域，中间为中间调区域，右侧为高光区域。纵向代表像素数量，纵向越高表示分布在这个亮度级别的像素越多，如图 8-4 所示。
- 色阶：依靠直方图的基础来改变图像和区域的明亮，只与亮度有关，如图 8-5 所示。

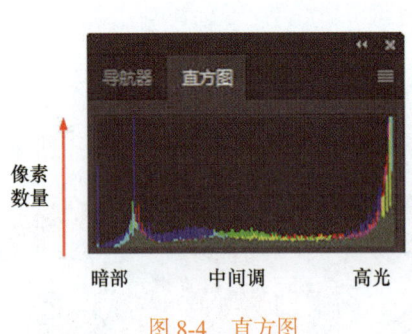

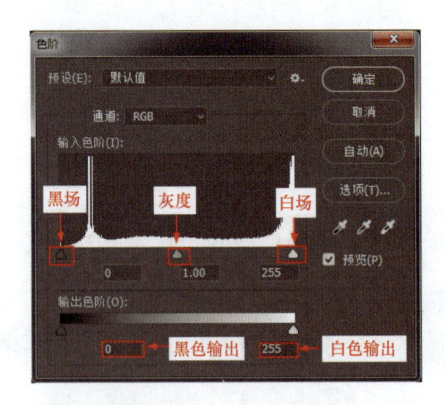

图 8-4　直方图　　　　　　图 8-5　"色阶"对话框

- 曲线：常用于调整图像的明亮程度及 RGB 各颜色通道的浓度，如图 8-6 所示。

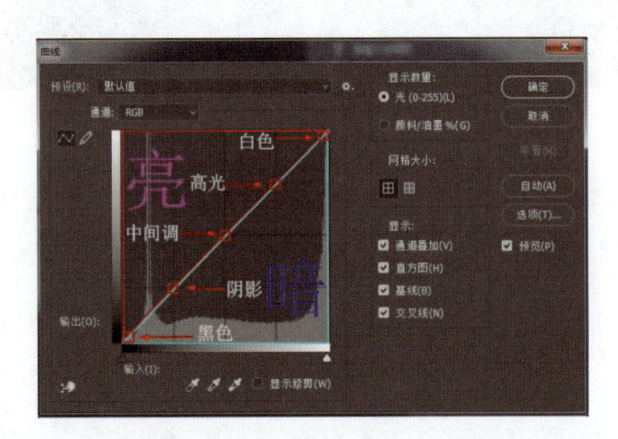

图 8-6　"曲线"对话框

- 曝光度：主要用来调整图像的色相，例如，校正图像曝光或过度、对比度过低或过高的情况，如图 8-7 所示。
- 色相：是指各类色彩的相貌，用于区别各种不同色彩的标准，如图 8-8 所示。
- 饱和度：是指色彩的鲜艳程度，如图 8-9 所示。
- 明度：是指色彩的亮度或明度，如图 8-10 所示。
- 颜色模式：是指将某种颜色表现为数字形式的模型，或者说是一种记录图像颜色的方式。在 Photoshop 中有多种颜色模式。

项目八　图像调整

图 8-7　"曝光度"对比效果

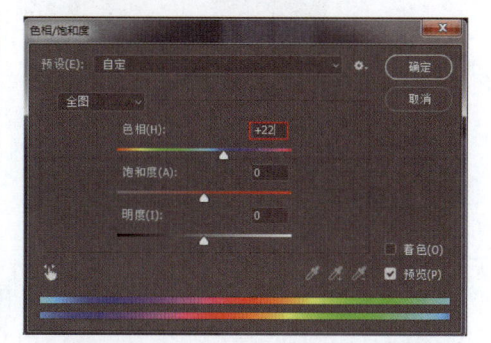

图 8-8　调整"色相"对比效果

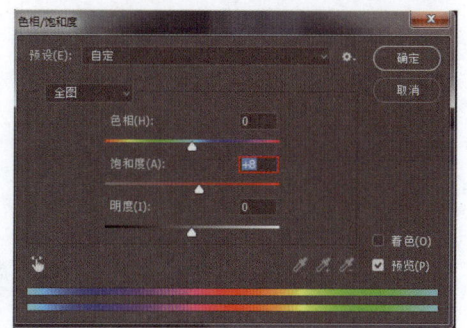

图 8-9　调整"饱和度"对比效果

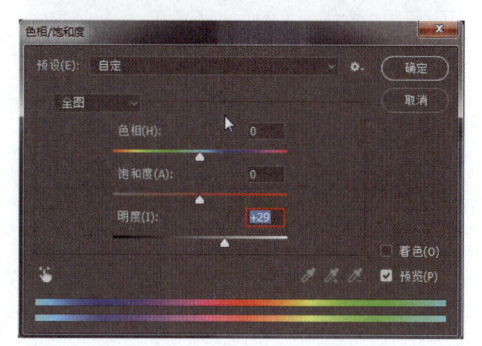

图 8-10　调整"明度"对比效果

125

执行菜单栏上的"图像"→"模式"命令，可以看到当前图像的颜色模式，也可以根据需要更改为其他颜色模式，如图 8-11、图 8-12 所示。

图 8-11　当前图像的颜色模式为 RGB 模式　　　　图 8-12　将 RGB 模式更改为 Lab 颜色模式

虽然图像可以有多种颜色模式，但并不是所有的颜色模式都经常使用。通常情况下，制作用于显示在电子设备上的图像文档时，使用 RGB 颜色模式；涉及需要印刷的产品时，使用 CMYK 颜色模式；而 Lab 颜色模式是色域最宽的色彩模式，也是最接近真实世界颜色的一种色彩模式，通常使用在将 RGB 转换为 CMYK 过程中，可以先将 RGB 图像转换为 Lab 模式，然后再转换为 CMYK。

任务一　制作糖水效果

一、任务目标及效果说明

通过学习使用调整图层对图像进行颜色调整，分析原照片的不足，并对原照片的不足之处进行调整。任务主要涉及观察与分析照片的光影关系和色彩关系，利用"图层"面板上的"调整图层"对照片进行弥补与补救，最终达到完美的视觉效果。

本任务的素材如图 8-13 所示，完成的效果图如图 8-14 所示。

图 8-13　素材　　　　　　　　　　图 8-14　完成的效果图

二、制作步骤

（1）执行"文件"→"打开"命令，打开素材。

（2）单击"图层"面板下方的"创建调整图层"按钮，创建一个曲线调整图层，并调整曲线参数，增加对比度，如图 8-15、图 8-16 所示。

图 8-15　新建调整图层

图 8-16　调整曲线参数

（3）单击"图层"面板下方的"创建调整图层"按钮，创建一个色彩平衡调整图层，并调整阴影、中间调、高光色彩平衡参数，统一色调，如图 8-17、图 8-18 所示。

图 8-17　新建调整图层

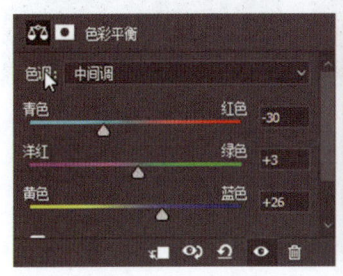

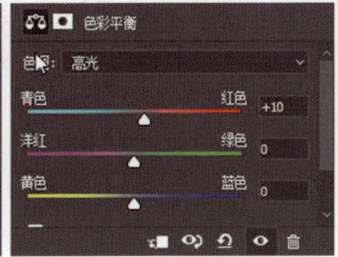

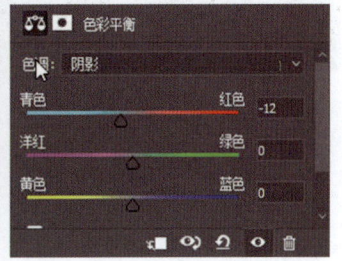

图 8-18　设置"色彩平衡"参数

（4）单击"图层"面板下方的"创建调整图层"按钮，创建一个色相/饱和度调整图层，并调整饱和度参数，完成调色，如图 8-19、图 8-20 所示。完成的效果图如图 8-14 所示。

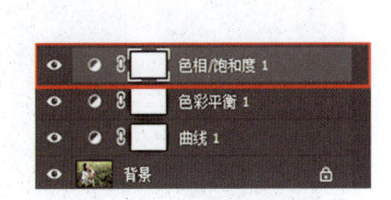

图 8-19　新建调整图层

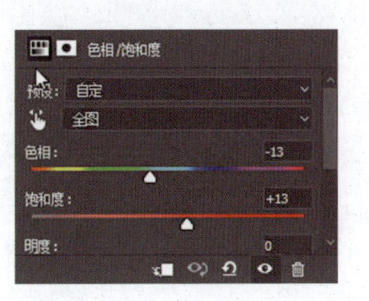

图 8-20　设置"色相/饱和度"参数

任务二　制作四季变化效果

一、任务目标及效果说明

通过学习"图像"→"调整"→"色相/饱和度"命令，设置不同参数，调节图像的色相和饱和度，制作出四季效果。

本任务的素材如图 8-21 所示，完成的效果如图 8-22 所示。

图 8-21　素材　　　　　　　　　　图 8-22　完成的效果图

二、制作步骤

（1）执行"文件"→"打开"命令，打开素材。

（2）执行"图像"→"调整"→"色相/饱和度"命令，设置"色相/饱和度"参数，如图 8-23 所示，得到春天的效果，如图 8-24 所示。

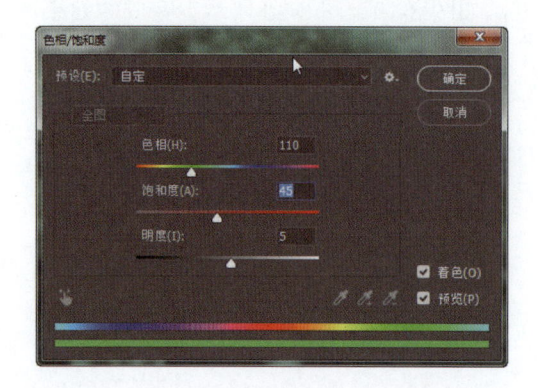

图 8-23　设置"色相/饱和度"参数　　　　　图 8-24　春天效果图

128

(3）执行"图像"→"调整"→"色相/饱和度"命令，设置"色相/饱和度"参数，如图 8-25 所示，得到夏天的效果，如图 8-26 所示。

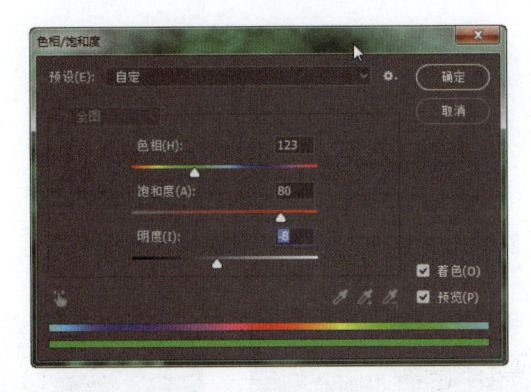

图 8-25　设置"色相/饱和度"参数　　　　　图 8-26　夏天效果图

（4）执行"图像"→"调整"→"色相/饱和度"命令，设置"色相/饱和度"参数，如图 8-27 所示，得到秋天的效果，如图 8-28 所示。

图 8-27　设置"色相/饱和度"参数　　　　　图 8-28　秋天效果图

（5）执行"图像"→"调整"→"色相/饱和度"命令，设置"色相/饱和度"参数，如图 8-29 所示，得到冬天的效果，如图 8-30 所示。

图 8-29　设置"色相/饱和度"参数　　　　　图 8-30　冬天效果图

任务三　利用照片滤镜制作岁月静好

一、任务目标及效果说明

通过学习图像调整中的自然饱和度、曲线、可选颜色等命令，结合照片滤镜命令等，制作一副充满诗情画意、岁月静好的图片。在本任务中，主要使用到了"照片滤镜"命令等。

本任务的素材如图8-31所示。完成的效果图如图8-32所示。

图8-31　素材　　　　　　　　　　　　　　　图8-32　完成的效果图

一、制作步骤

（1）执行"文件"→"打开"命令，打开素材"古筝少女.jpg"，复制"背景"图层，得到"背景拷贝"图层。选择"背景拷贝"图层，执行"图像"→"调整"→"去色"命令，得到一个灰色图层，效果如图8-33所示。设置该图层"混合模式"为"柔光"，"不透明度"为50%，如图8-34所示。得到如图8-35所示的画面效果。

图8-33　图片去色　　　　图8-34　设置图层参数　　　图8-35　混合模式设置后的效果

（2）执行"图层"→"新建调整图层"→"照片滤镜"命令，新建一个"照片滤镜"调整图层。将"前景色"设为黑色，在"照片滤镜"调整图层中使用"柔边圆"形状的画笔进行涂抹，如图8-36所示。得到如图8-37所示的画面效果。

（3）将"前景色"设置为黑色，使用"硬边圆"的画笔在"照片滤镜"图层的蒙版上涂抹，显示人物的头部、面部、手。得到如图8-38所示的画面效果。

（4）继续使用"硬边圆"的画笔在"照片滤镜"图层的蒙版上涂抹人物背景。画面效果如图8-39所示。

项目八　图像调整

图 8-36　设置"照片滤镜"参数　　　　图 8-37　"照片滤镜"设置后的效果

图 8-38　涂抹人物头部、面部及双手　　图 8-39　涂抹人物背景

（5）增加画面饱和度。执行"图层"→"新建调整图层"→"自然饱和度"命令，新建一个"自然饱和度"调整图层。在"自然饱和度"属性面板中进行如图 8-40 所示的设置，得到如图 8-41 所示的画面效果。

图 8-40　调整"自然饱和度"参数　　　图 8-41　设置"自然饱和度"后的效果

（6）再新建一个"自然饱和调整"图层，在"自然饱和度"属性面板中进行如图 8-42 所示的设置。得到如图 8-43 所示的画面效果。

图 8-42　调整"自然饱和度"参数　　　图 8-43　设置第二次"自然饱和度"后的效果

（7）此时，画面有些偏暗，执行"图层"→"新建调整图层"→"曲线"命令，

新建一个"曲线"调整图层,在"曲线"属性面板中进行如图 8-44 所示的设置。得到如图 8-45 所示的画面效果。

图 8-44 调整"曲线"参数　　　　　图 8-45 调整"曲线"后的效果

(8) 此时,画面仍有些偏暗,执行"图层"→"新建调整图层"→"曲线"命令,新建一个"曲线"调整图层,在"曲线"属性面板中进行如图 8-46 所示的设置,得到如图 8-47 所示的画面效果,接下来,按 Ctrl+Shift+Alt+E 组合键盖印图层,得到"图层 1"。

(9) 新建一个 60 厘米 ×60 厘米,分辨率为 100 像素 / 英寸,RGB 模式的文件,背景色为白色,将文件命名为"利用照片滤镜制作岁月静好"。使用"移动工具"将"图层 1"移入本文件,调整大小和位置。

注意:"图层 1"的人物图像需放在下方,上方位置留给后续素材"亭子.jpg"所用,如图 8-48 所示。

图 8-46 设置"可选颜色"参数　　　图 8-47 设置"可选颜色"后的效果

(10) 执行"文件"→"置入嵌入的智能对象"命令,打开素材"亭子.jpg",按 Enter 键完成置入操作。双击该图层,将图层重命名为"亭子",接下来栅格化图层,如图 8-49 所示。随后执行"自由变换",调整大小和位置,如图 8-50 所示。

图 8-48 移入"图层 1"　　图 8-49 打开素材"亭子"　　图 8-50 调整"亭子"大小和位置

（11）选中图层"亭子"，单击"图层"面板下方的"添加图层蒙版"按钮。将前景色设置为黑色，选择"画笔工具"，设置笔尖形状和大小，进行涂抹。得到最终效果图，如图 8-32 所示。

习　题

1. 利用曲线、亮度/对比度、色彩平衡等图层调整功能，完成异色栀子花的制作。素材如图 8-51 所示，完成的效果图如图 8-52 所示。

2. 利用色相/饱和度、色彩平衡等功能完成七色桔梗花的制作。素材如图 8-53 所示，完成的效果图如图 8-54 所示。

3. 利用阈值完成金色年华的制作。素材如图 8-55 所示，完成的效果图如图 8-56 所示。

图 8-51　素材　　　图 8-52　完成的效果图　　　图 8-53　素材　　　图 8-54　完成的效果图

图 8-55　素材　　　图 8-56　完成的效果图

项目九
滤 镜

知识准备

滤镜是一种特殊的图像处理技术，主要用于实现图像的各种特殊效果。在 Photoshop 中有数十种滤镜，通过滤镜的参数设置，有些效果就能够实时观察到。

滤镜遵循一定的程序算法，以像素为单位对图像进行分析，并对其颜色、亮度、饱和度、对比度、色调、分布、排列等属性进行计算和变化处理，从而完成原图像部分或全部像素属性参数的调节或控制。值得注意的是，即便滤镜的参数设置相同，但图像分辨率不同，得到的图像效果也是不同的。

滤镜集中在 Photoshop 中的"滤镜"菜单中，单击菜单栏中的"滤镜"按钮，在下拉列表中可以看到很多种滤镜，如图 9-1 所示。

"滤镜库"集合了许多滤镜，滤镜效果风格迥异，但是使用方法十分相似。在"滤镜库"中不但可以添加一个滤镜，还可以添加多个滤镜，制作出混合滤镜的效果。

图 9-1　滤镜菜单

下面主要介绍 Photoshop CC 版本新增的"树"滤镜。

执行"滤镜"→"渲染"→"树"命令，打开"树"滤镜面板，如图 9-2 所示。

图 9-2　"树"滤镜面板

左侧为实时预览图，右侧是操作区，界面从上到下分为：
- 预设区：主要用于设计"树"的参数。
- 参数区：分"基本"和"高级"两种，决定"树"长什么样。
- 基本树类型：如图 9-3 所示，预设的"树"的形状目前有 40 多种可选。

图 9-3　叶子类型

- 光照方向：光从哪个方向照过来，影响树的明暗。
- 叶子数量：树叶的多少，呈正比关系。
- 叶子大小：树叶大小，呈正比关系。
- 树枝高度：树有多高，呈正比关系。
- 树枝粗细：树有多粗，呈正比关系。

叶子细节的调整：叶子类型目前有 16 种，可用随机的形状也可以通过参数自定义，如图 9-4 所示。

图 9-4　参数设置

高级参数设置是针对"树"的一些真实细节进行调节，如图 9-5 所示。

图 9-5 "高级"参数设置

任务一　利用液化滤镜瘦身

一、任务目标及效果说明

学习使用液化滤镜进行人物身形的调整,"液化"滤镜可以将 Photoshop 图像内容像液体一样产生扭曲变形,在"液化"滤镜对话框中使用相应的工具,可以推、拉、旋转、反射、折叠和膨胀图像的任意区域,从而使 Photoshop 图像画面产生特殊的艺术效果。需要注意的是,"液化"滤镜在"索引颜色""位图"和"多通道"模式中不可用。

本任务的素材如图 9-6 所示,完成的效果图如图 9-7 所示。

图 9-6　素材　　　　　　图 9-7　完成的效果图

二、制作步骤

（1）执行"文件"→"打开"命令，打开素材，使用"椭圆选框工具" 把人物脸部选中，如图9-8所示。

（2）执行"滤镜"→"液化"命令，进入液化面板，对人脸识别液化，参数如图9-9所示。

（3）调整完成后单击"液化"面板下方的"确定"按钮，确定人物脸部的处理，再执行"滤镜"→"液化"命令，使用向前变形工具对人物整体身形进行调整，液化工具介绍如图9-10所示，身形调整及调整效果如图9-11、图9-12所示。

（4）为了让效果更顺滑，可做一些微调，对画笔大小进行不断变换，如果需要改变大线条，则用较大数值的笔刷，如果需要进行局部的调整，则用到小数值的笔刷。

图9-8　选择人物脸部

图9-9　人脸识别液化

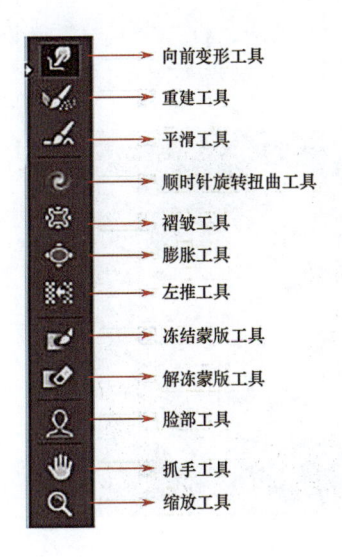

图9-10　工具介绍　　图9-11　身形调整　　图9-12　调整效果

任务二　利用高反差保留滤镜进行人像磨皮

一、任务目标及效果说明

通过本任务使学生理解人像美容的基本原理，学习图层混合模式和图层蒙版的使用方法。让学生能够熟练掌握并使用"高反差保留""高斯模糊"滤镜和"叠加"图层混合模式制作人像磨皮效果，为以后的人像处理打下良好的基础。

本任务的素材如图 9-13 所示，完成的效果图如图 9-14 所示。

图 9-13　素材　　　　　　　图 9-14　完成的效果图

二、制作步骤

（1）执行"文件"→"打开"命令，打开素材，使用"图层"→"新建"→"通过拷贝的图层"命令将图像复制到"图层 1"中，如图 9-15 所示。打开"图层"面板的"设置图层的混合模式"下拉列表，选择"叠加"混合模式，效果如图 9-16 所示。

图 9-15　复制图层　　　　　　　图 9-16　应用"叠加"混合模式之后的效果

（2）执行"图像"菜单→"调整"→"反相"命令，如图 9-17 所示。再执行"滤镜"→"其他"→"高反差保留"命令，设置半径为 10 像素，如图 9-18 所示。

138

项目九　滤镜

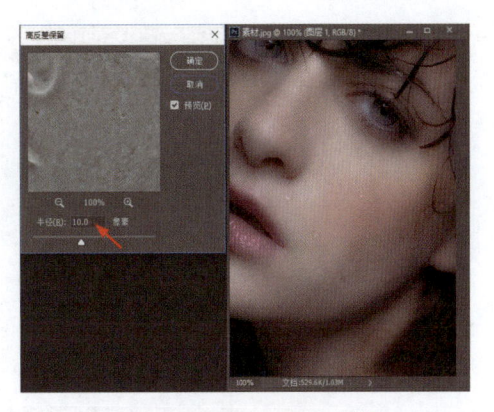

图 9-17　反相

图 9-18　高反差保留滤镜

（3）按住 Alt 键不放，单击"图层"面板中的"添加图层蒙版"按钮，为"图层 1"添加一个全黑色蒙版，如图 9-19 所示。设置前景色为白色，使用"画笔工具"（大小：80 像素，硬度：0%）在图像中涂抹需要磨皮的部分（头发、眼睛、嘴部除外），如图 9-20 所示。

图 9-19　添加蒙版

图 9-20　使用"画笔工具"编辑蒙版

（4）调整"图层 1"的不透明度为 85%，再执行"滤镜"→"模糊"→"高斯模糊"命令，设置半径为 0.7 像素，以增强皮肤的质感，如图 9-21、图 9-22 所示。最后保存文件。

图 9-21　设置图层不透明度

图 9-22　最终效果图

139

操作技巧

使用"高反差保留"滤镜，除能实现人像磨皮美容之外，还可以很好地隐去照片中的过渡层次，特别是当此效果应用于人像照片时，更能够起到突出人的五官和形体的特点，从而增强画面的艺术感染力。

"高反差保留"滤镜在有强烈颜色转变发生的地方按指定的半径保留边缘的细节。应用这个滤镜的结果与"高斯模糊"滤镜相反，它可以移去图像中间调的细节，而保留高调和暗调区域的内容。在执行"高反差保留"时，半径值不要取得太大，而是进行多次"高反差保留"锐化图像，其效果会更好一些。

任务三 利用滤镜制作下雪效果

一、任务目标及效果说明

学习素描、模糊等滤镜的使用。

学习使用"滤镜"→"像素化"→"点状化"命令和使用"滤镜"→"模糊"→"动感模糊"命令制作下雪效果，使用图层的"混合模式"命令更改图像的显示效果。

本任务的素材如图9-23所示，完成的效果图如图9-24所示。

图9-23 素材　　　　　　　　　　图9-24 完成的效果图

二、制作步骤

（1）执行"文件"→"打开"命令，打开素材。

（2）创建一个新图层，重命名为"图层1"，设置前景色为黑色，按Alt+Delete组合键填充黑色，如图9-25所示。

（3）执行"滤镜"→"像素化"→"点状化"命令，设置单元格大小为5，单击"确定"按钮，如图9-26所示。

（4）执行"滤镜"→"模糊"→"动感模糊"命令，设置角度为54，距离为5像素，单击"确定"按钮，如图9-27所示。

140

图 9-25　新建图层填充黑色

（5）在图层面板中设置图层 1 的"混合模式"为"滤色"，如图 9-28 所示，得到最终效果如图 9-24 所示，保存文件。

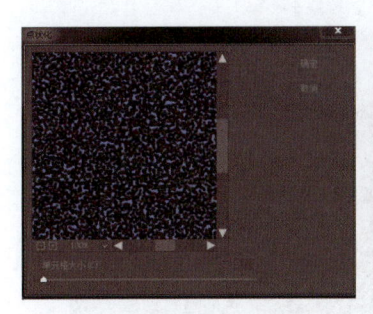

图 9-26　设置"点状化"参数　　图 9-27　设置"动感模糊"参数　　图 9-28　图层面板

任务四　利用"树"滤镜制作松鼠乐园

一、任务目标及效果说明

通过学习"树"滤镜，结合之前学过的蒙版、路径等综合知识制作松鼠乐园。在本任务中，主要使用到了"树"滤镜。

本任务的素材如图 9-29 所示，完成的效果图如图 9-30 所示。

二、制作步骤

（1）制作背景。新建一个 50 厘米 ×20 厘米，分辨率为 72 像素/英寸，RGB 模式的文件，背景色为白色，文件命名为"利用树滤镜制作松鼠乐园"。

（2）使用"移动工具"单击"渐变工具"，在属性栏上单击"渐变编辑器"，弹出编辑对话框，进行如图 9-31 所示的设置，设置完成后单击"新建"按钮。

（2）选中"背景"图层，按住 Shift 键，由下往上垂直渐变填充，得到如图 9-32 所示的效果。

141

图9-29 素材

图9-30 完成的效果图

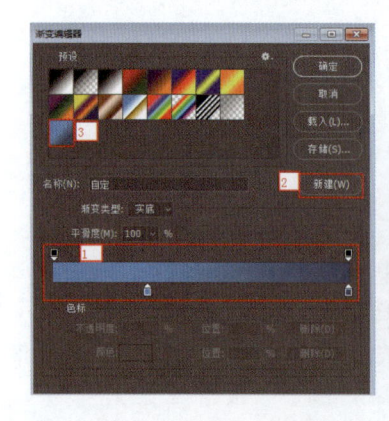

图9-31 设置渐变颜色

图9-32 填充背景颜色

142

(3)单击"图层"面板下方的"创建新组"按钮,创建一个"组1",将其重命名为"山"。在"山"组下面创建一个图层,将其重命名为"山"。

(4)执行"文件"→"置入嵌入的智能对象"命令,打开素材"山.jpg",如图9-33所示。按Enter键完成置入操作,接着将该图层栅格化,如图9-34所示。

图9-33　置入嵌入的智能对象　　　　图9-34　栅格化图层

(5)选中图层"山",进行自由变换,得到如图9-35所示的效果。

图9-35　"山"图层自由变换

(6)选中图层"山",按住Alt键进行图层复制,并调整位置,得到如图9-36所示的效果。

(7)单击"图层"面板下方的"创建新组"按钮,创建一个"组1",将其重命名为"松鼠"。

(8)执行"文件"→"打开"命令,选择素材中的"松鼠1.jpg"文件,然后使用移动工具将其移入"利用树滤镜制作松鼠乐园"文件,并放置在"松鼠"组下,重命名为"松鼠1",如图9-37所示。

图9-36　复制"山"图层　　　　图9-37　移入"松鼠1"图片

(9)选中"松鼠1"图层,单击下方的"添加图层蒙版"按钮,将前景色设置为黑色,选择"画笔工具",进行如图 9-38 所示的设置。接下来使用"画笔工具"在"图层蒙版"上涂抹,得到如图 9-39 所示的效果。

图 9-38 设置"画笔"属性

图 9-39 使用画笔工具涂抹

(10)继续使用"画笔工具"涂抹松鼠四周,对于松鼠边缘,将画笔的不透明度降低,如设置成 15%,仔细涂抹,得到如图 9-40 所示的效果。

(11)用同样的方法将其他 4 只松鼠移入文件,调整大小和位置,使用"添加图层蒙版"完成,得到如图 9-41 所示的效果。

图 9-40 "松鼠1"完成效果图

图 9-41 5 只松鼠

（12）单击"图层"面板下方的"创建新组"按钮▣，创建一个"组1"，将其重命名为"白云"。在"白云"组下面创建一个图层，将其重命名为"白云"。

（13）单击"路径"面板，单击"创建新路径"▣按钮，创建"工作路径"，然后使用"椭圆选框工具"绘制图形，在属性栏上选择"合并形状"，如图9-42所示。

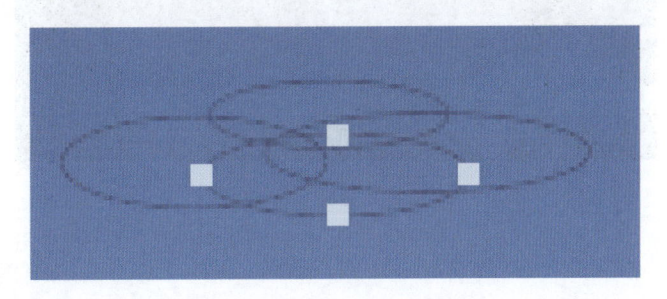

图9-42　绘制"白云"路径

（14）回到"路径"面板，选中"工作路径"，单击"将路径作为选区载入"▣按钮，将路径转换为选区；将"前景色"设置为白色，填充选区，如图9-43、图9-44所示的效果。

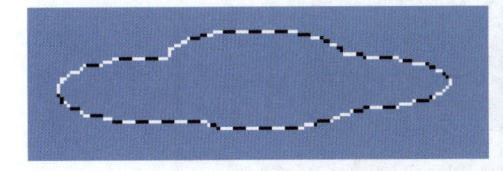

图9-43　路径转换为选区　　　　　图9-44　选区填充为白色

（15）用同样的方法，制作其他白云，效果如图9-45所示。

图9-45　"白云"完成效果图

（16）单击"图层"面板下方的"创建新组"按钮▣，创建一个"组1"，将其重命名为"樱花"。在"樱花"组下面创建一个图层，将其重命名为"樱花树"。

（17）单击"路径"面板，单击"创建新路径"按钮，创建"工作路径"，然后使用"钢笔工具"绘制形状。注意，为使绘制出来的樱花形状漂亮，需要将路径绘制出文档窗口外，如图9-46所示。

图 9-46 绘制树的形状

（17）执行"滤镜"→"渲染"→"树"命令，在弹出的窗口中单击"基本树类型"列表，选择"樱花"树型，接着设置相关参数。参数设置效果直接在左侧显示，十分直观，多次调整并观察效果即可，如图 9-47 所示。调整完成后，单击"确定"按钮，效果如图 9-48 所示。

图 9-47 设置"树滤镜"参数

图 9-48 添加"树滤镜"后效果

（18）为了使画面更加唯美，可使用"套索工具"抠取一些花朵，放在图像中不同的位置上，效果如图 9-30 所示。

习 题

1. 使用"扭曲""蒙版"等功能，完成海底世界的制作。素材如图 9-49 所示，完成的效果图如图 9-50 所示。

图 9-49　素材

图 9-50　完成的效果图

2. 利用"滤镜"→"消失点"命令，去除照片中的杂物。素材如图 9-51 所示，完成的效果图如图 9-52 所示。

3. 使用"滤镜"→"扭曲"→"置换"命令，完成旗帜的制作。素材如图 9-53 所示，完成的效果图如图 9-54 所示。

图 9-51 素材

图 9-52 完成的效果图

图 9-53 素材

图 9-54 完成的效果图

项目十
综合案例

任务一　制作淘宝海报

一、任务目标及效果说明

通过学习抠图、图层叠加、图层样式、图层混合模式等功能制作淘宝海报。本任务为一款青花瓷服装海报，青花瓷为中国传统元素，设计海报以中国传统素材为主。色调以青花瓷的蓝色为海报的主色调。

本任务的素材如图 10-1 所示，完成的效果如图 10-2 所示。

图 10-1　素材

二、制作步骤

（1）执行"文件"→"新建"命令，新建一个 950 像素 ×550 像素，分辨率为 72 像素/英寸的文件，如图 10-3 所示。

（2）单击"图层"面板下方的"创建新图层"按钮，创建一个新图层"图层 1"。

图 10-2　完成的效果图　　　　　　　　　图 10-3　新建文件

（3）使用工具栏中的"渐变工具"，在选择渐变属性栏中修改渐变颜色，如图 10-4 所示。在渐变属性栏中选择径向渐变方式，在"图层 1"中心拉出渐变。如图 10-5 所示。

图 10-4　渐变编辑器　　　　　　　　　图 10-5　填充渐变效果

（3）执行"文件"→"打开"命令打开青花瓷盘子素材，并使用"移动工具"拖动其至海报文件中，调整到合适的位置。修改图层混合模式为"正片叠底"，如图 10-6 所示。

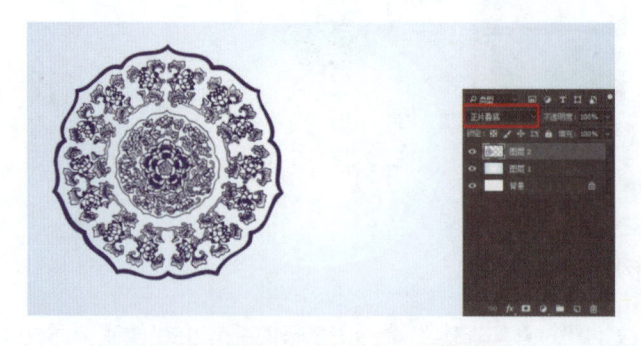

图 10-6　设置"正片叠底"叠加效果

（4）执行"文件"→"打开"命令，打开山水水墨素材，并使用"移动工具"

拖动其至海报文件中，调整到合适的位置。修改图层混合模式为"正片叠底"，如图 10-7 所示。

图 10-7　设置"正片叠底"叠加效果

（5）执行"文件"→"打开"命令，打开树枝素材，并使用"移动工具" 拖动其至海报文件中，调整到合适的位置。修改图层混合模式为"正片叠底"，如图 10-8 所示。

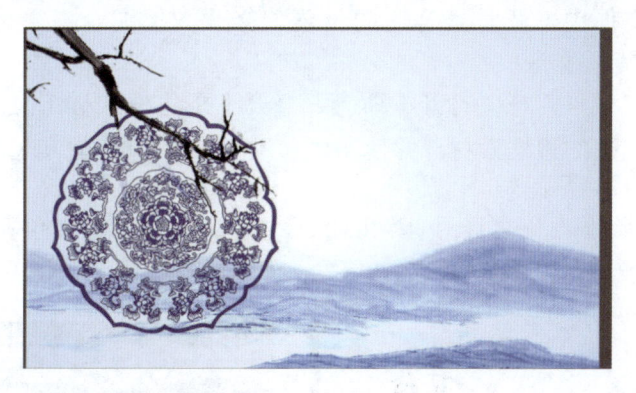

图 10-8　设置"正片叠底"叠加效果

（6）执行"文件"→"打开"命令，打开人物素材，并双击解锁图层。使用工具栏中的"魔棒工具" 选择人物背景。如图 10-9 所示。执行"文件"→"反选"命令，使用"移动工具" 拖动其至海报文件中，如图 10-10 所示。

图 10-9　选择背景　　　　　　　　　　图 10-10　移动人物

151

（7）执行"编辑"→"自由变换"命令，调整人物到适合的大小与位置，如图10-11所示。

（8）执行"文件"→"打开"命令，打开书法文字素材，并使用"移动工具"拖动其至海报文件中，调整到合适的位置，如图10-12所示。

图10-11　调整人物到合适的大小与位置　　　　图10-12　调整文字素材

（9）执行"文件"→"打开"命令，打开祥云素材，并使用"移动工具"拖动其至海报文件中，调整到合适的位置。修改图层混合模式为"正片叠底"，如图10-13所示。

（10）执行"文件"→"打开"命令，打开上下边框素材，使用"矩形选框工具"选择最上边的边框素材，并使用"移动工具"拖动其至海报文件中，如图10-14、图10-15所示。

（11）执行"编辑"→"自由变换"命令，调整边框的大小及位置，如图10-16所示。复制多个边框素材，调整到合适的位置，得到最终效果，如图10-12所示。

图10-13　调整祥云素材　　　　图10-14　打开素材

图10-15　移动边框素材　　　　图10-16　调整边框位置及大小

152

任务二　绘制国画兰花

一、任务目标及效果说明

综合使用画笔工具、钢笔工具、涂抹工具、加深减淡工具、模糊工具、文字工具、矩形选框、描边命令等，绘制"梅兰菊竹"四大君子之一"兰"。在本任务中，主要使用到了画笔工具、钢笔工具、涂抹工具。

本任务完成的效果图如图 10-17 所示。

二、制作步骤

（1）执行"文件"→"新建"命令，新建一个 60 厘米 ×30 厘米、分辨率为 100 像素/英寸、RGB 模式的文件，背景色为白色，如图 10-18 所示。

（2）单击"图层"面板下方的"创建新组"按钮，创建一个"组 1"，将其重命名为"山"。在"山"组下面创建一个图层，将其重命名为"山形"。将"前景色"设置为黑色，选择"画笔工具"，设置画笔形状为"硬边圆"，大小为 3 像素，绘制"山"的形状，效果如图 10-19 所示。

图 10-17　完成的效果图

（3）选择"涂抹工具"，将属性栏的模式设为"正常"，强度为 50%，大小为 6 像素，进行仔细涂抹，效果如图 10-20 所示。

图 10-18　创建文件　　　图 10-19　绘制山的形状　　　图 10-20　进行涂抹

（4）将"前景色"进行如图 10-21 所示的设置，使用"画笔工具"进行绘制，并使用"涂抹工具"进行仔细涂抹，效果如图 10-22 所示。

153

Photoshop CC
图像处理项目教程

图 10-21　设置"前景色"　　　　　图 10-22　绘制并涂抹

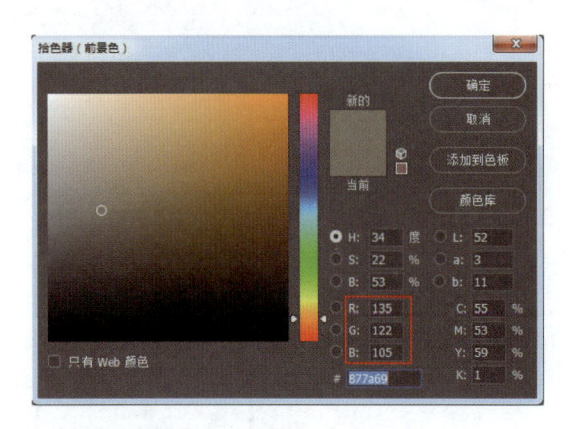

（5）将"前景色"进行如图 10-23 所示的设置，将"画笔工具"形状设置为"柔边圆"，对"山"进行上色，效果如图 10-24、图 10-25 所示。

（6）单击"图层"面板下方的"创建新组"按钮，创建一个"组 1"，将其重命名为"左上兰花"。在"左上兰花"组下面创建一个图层，将其重命名为"叶子 1"。将"前景色"设置为黑色（R:0，G:0，B:0），选择"画笔工具"，进行如图 10-26 所示的设置，按住 Shift 键绘制一条直线，并进行自由变换，效果如图 10-27、图 10-28 所示。

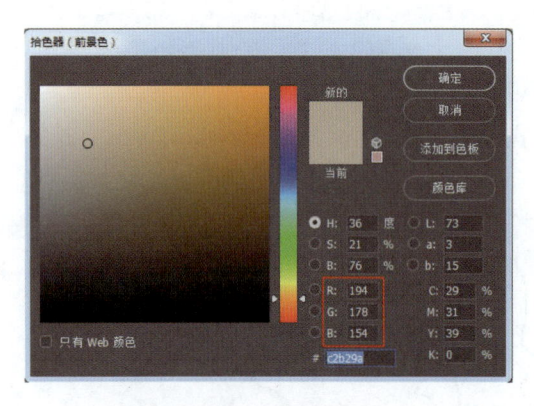

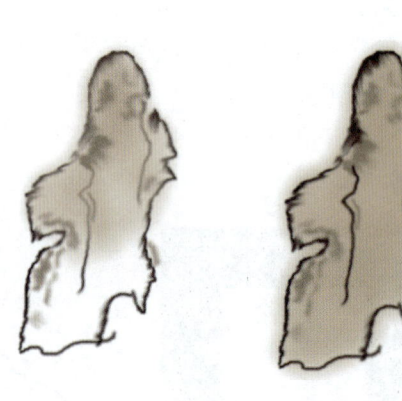

图 10-23　设置"山"的颜色　　　图 10-24　给"山"上色　图 10-25　完成"山"的绘制

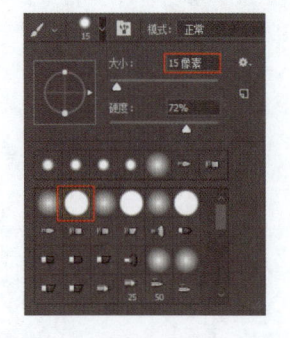

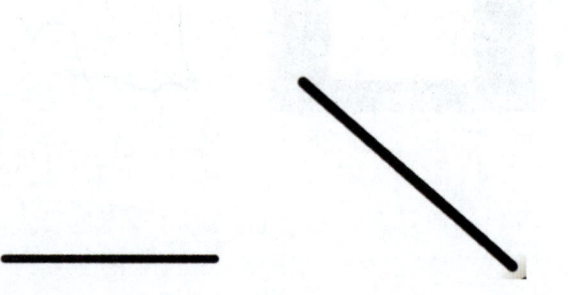

图 10-26　设置画笔参数　　　　　图 10-27　绘制直线　　　图 10-28　进行自由变换

154

项目十 综合案例

（5）执行"编辑"→"变换"→"变形"命令，效果如图10-29、图10-30所示。

（6）在"左上兰花"组下面创建一个图层，将其重命名为"叶子2"。将"前景色"进行如图10-31所示的设置，用同样的方法绘制直线，对直线进行变换和变形操作，效果如图10-32～图10-35所示。

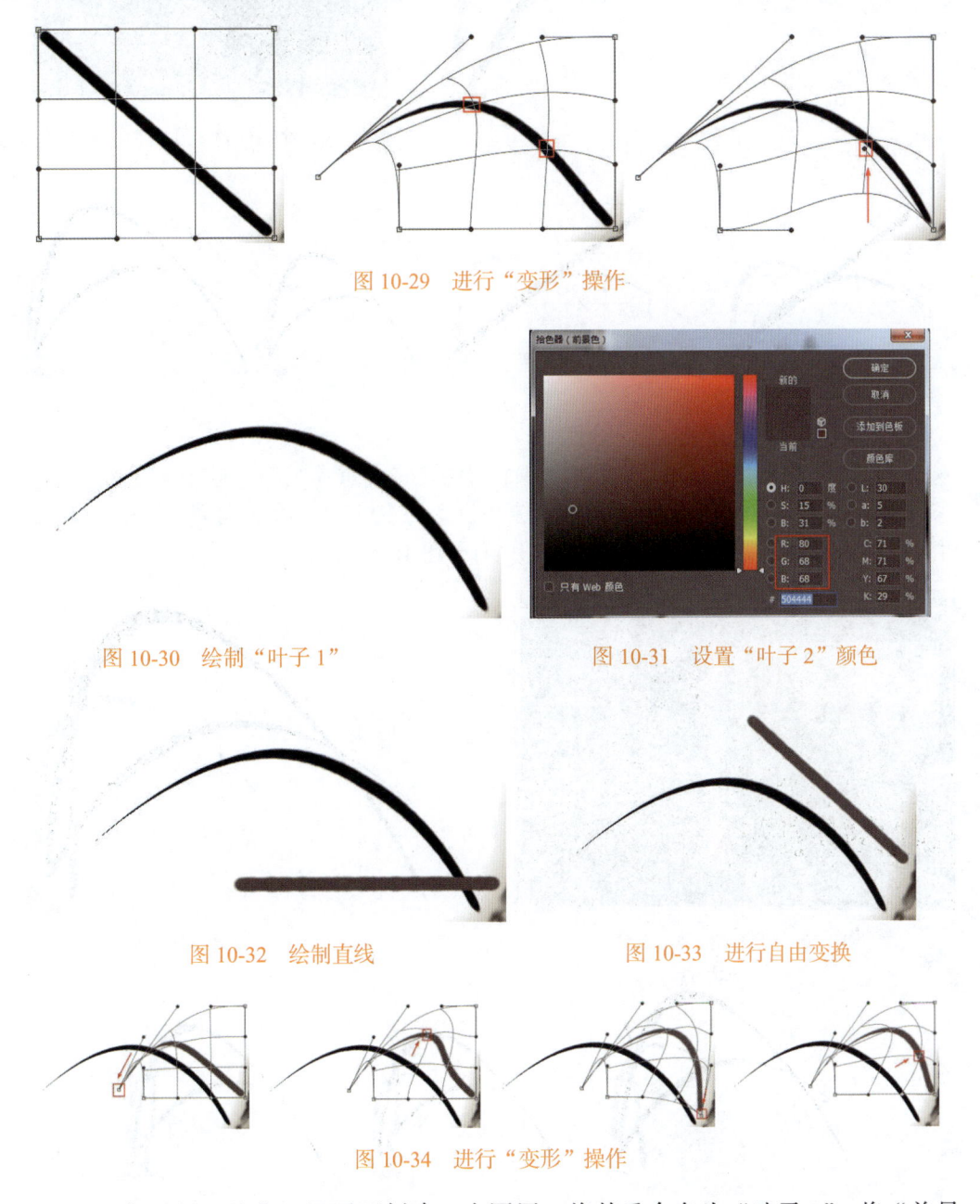

图10-29 进行"变形"操作

图10-30 绘制"叶子1"　　　　　　　图10-31 设置"叶子2"颜色

图10-32 绘制直线　　　　　　　图10-33 进行自由变换

图10-34 进行"变形"操作

（7）在"左上兰花"组下面创建一个图层，将其重命名为"叶子3"。将"前景色"进行如图10-36所示的设置。用同样的方法绘制直线，对直线进行变换和变形操作，效果如图10-37～图10-39所示。

155

图 10-35　绘制"叶子 2"　　　　　　　　图 10-36　设置"叶子 3"颜色

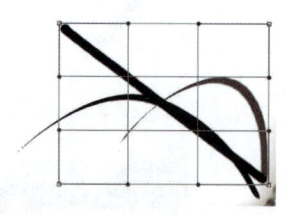

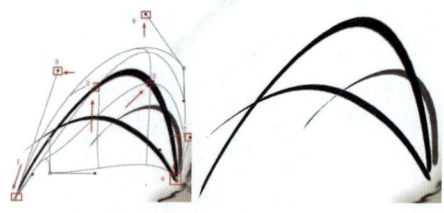

图 10-37　绘制直线　　图 10-38　进行"变形"操作　　图 10-39　绘制"叶子 3"

（8）在"左上兰花"组下面创建一个图层，将其重命名为"叶子 4"。将"前景色"进行如图 10-40 所示的设置，画笔大小设置为 10 像素。用同样的方法绘制直线，对直线进行变换和变形操作，效果如图 10-41～图 10-43 所示。

图 10-40　设置"叶子 4"颜色　　　　　　图 10-41　绘制直线

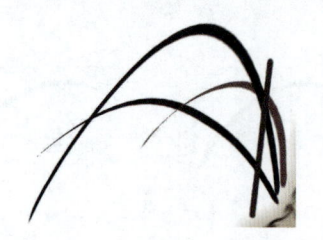

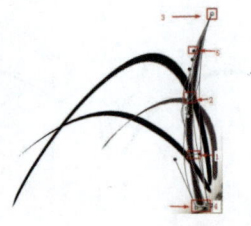

图 10-42　进行"变形"操作

（9）在"左上兰花"组下面创建一个图层，将其命名为"兰花 1"。将"前景色"进行如图 10-44 所示的设置，将"背景色"进行如图 10-45 所示的设置。

156

项目十 综合案例

图 10-43 绘制"左上兰花"

图 10-44 设置"前景色"

（10）单击"画笔工具"面板，进行如图 10-46、图 10-47 所示的设置。
（11）选择"画笔工具"，绘制"兰花 1"，效果如图 10-48 所示。
（12）单击"画笔工具"面板，进行如图 10-49 所示的设置。
（13）选择"画笔工具"，绘制"兰花 2"，效果如图 10-50 所示。
（14）使用同样的方法绘制"兰花 3""兰花 4""兰花 5""兰花 6""兰花 7""兰花 8""兰花 9"，如图 10-51～图 10-57 所示。

图 10-45 设置"背景色"

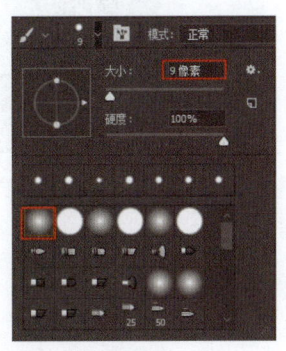

图 10-46 设置"画笔"形状、大小

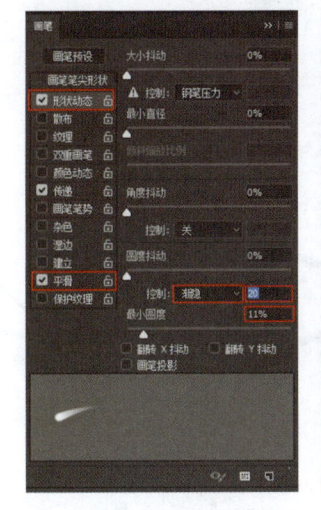

图 10-47 设置"画笔"参数

157

图 10-48 绘制"兰花 1"

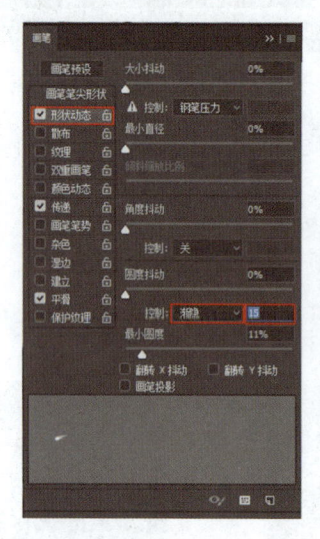

图 10-49 设置"画笔"参数

图 10-50 绘制"兰花 2"

图 10-51 绘制"兰花 3"　　图 10-52 绘制"兰花 4"　　图 10-53 绘制"兰花 5"

图 10-54　绘制"兰花 6"　　　图 10-55　绘制"兰花 7"　　　图 10-56　绘制"兰花 8"

（15）将"前景色"进行如图 10-58 所示的设置；将画笔大小设置为 10 像素。绘制小石头，效果如图 10-59 所示。

图 10-57　绘制"兰花 9"　　　图 10-58　设置石头颜色　　　图 10-59　绘制石头

（16）单击"图层"面板下方的"创建新组"按钮，创建一个"组 1"，将其重命名为"左下兰花"。在"左下兰花"组下面创建一个图层，将其重命名为"叶子1"。将"前景色"进行如图 10-60 所示的设置。选择"画笔工具"，在"画笔"面板上进行如图 10-61 所示的设置。参照前面绘制叶子的方法，绘制"左下兰花－叶子1"，效果如图 10-62 所示。

（17）在"左下兰花"组下面创建一个图层，将其重命名为"叶子 2"。将"前景色"进行如图 10-63 所示的设置。用同样的方法，绘制"左下兰花－叶子 2"，效果如图 10-64 所示。

（18）在"左下兰花"组下面创建一个图层，将其重命名为"叶子 3"。将"前景色"进行如图 10-65 所示的设置。用同样的方法，绘制"左下兰花－叶子 3"，效果如图 10-66 所示。

（19）在"左下兰花"组下面创建一个图层，将其命名为"叶子 4"。将"前景色"进行如图 10-67 所示的设置。用同样的方法，绘制"左下兰花－叶子 4""左下兰花－叶子5"，效果如图 10-68、图 10-69 所示。

159

Photoshop CC
图像处理项目教程

图 10-60　设置"左下兰花－叶子 1"颜色　　　图 10-61　设置"画笔"参数

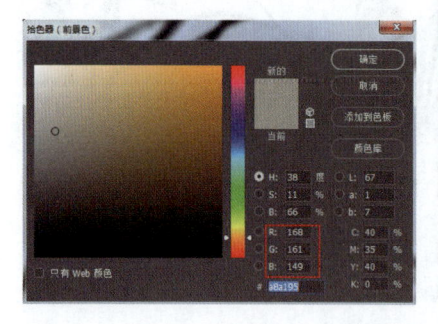

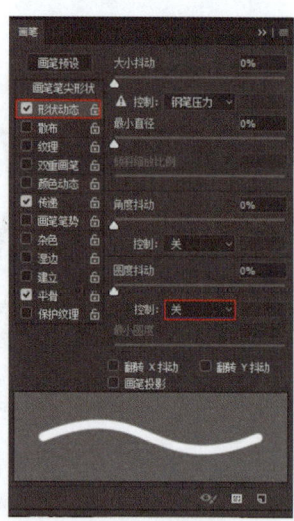

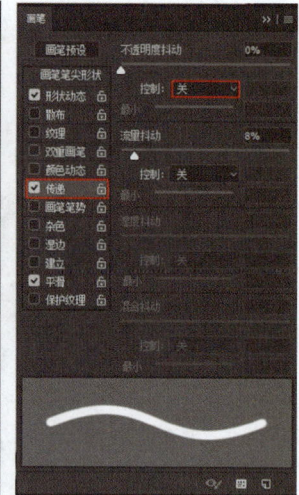

图 10-62　完成"左下兰花－叶子 1"的绘制

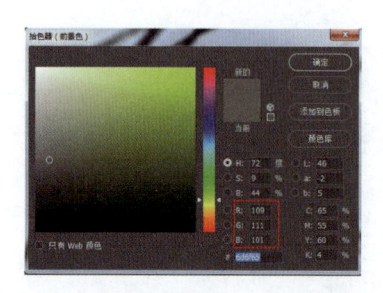

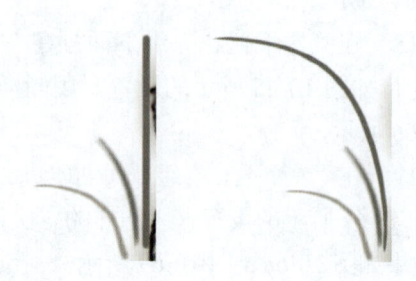

图 10-63　设置"左下兰花－叶子 2"颜色　　　图 10-64　绘制"左下兰花－叶子 2"

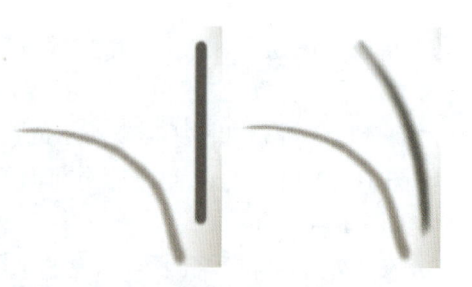

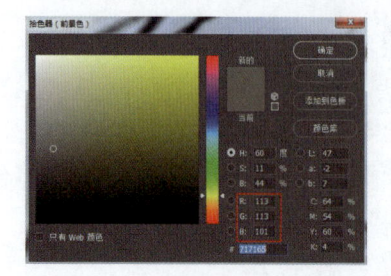

图 10-65　设置"左下兰花－叶子 3"颜色　　　图 10-66　绘制"左下兰花－叶子 3"

项目十 综合案例

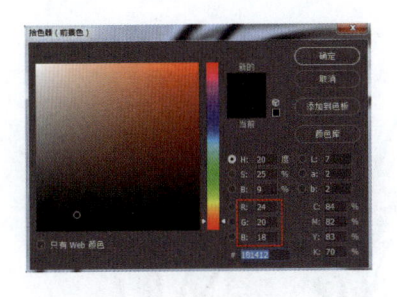

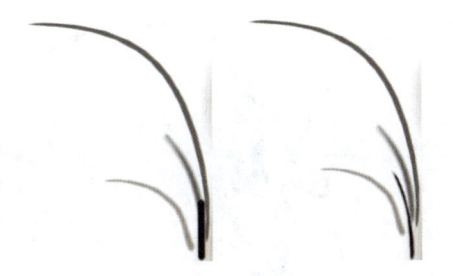

图 10-67 设置"左下兰花-叶子 4"和
"左下兰花-叶子 5"

图 10-68 绘制"左下兰花-叶子 4"

（15）将"前景色"进行如图 10-58 所示的设置，画笔大小设置为 10 像素。绘制小石头，效果如图 10-70 所示。

图 10-69 绘制"左下兰花-叶子 5"

图 10-70 绘制"小石头"

（16）参照"左上兰花"的方法绘制"左下兰花"的花朵，"兰花 1""兰花 2""兰花 3""兰花 4""兰花 5"分别如图 10-71～图 10-74 所示。

图 10-71 完成"兰花 1"绘制

图 10-72 完成"兰花 2"绘制

（17）单击"图层"面板下方的"创建新组"按钮，创建一个"组 1"，将其重命名为"右下兰花"。参照前面绘制叶子的方法，绘制"右下兰花-叶子"，效果如图 10-75 所示。

161

图 10-73　绘制"兰花 3"　　　图 10-74　绘制"兰花 4"　　　图 10-75　绘制"右下兰花 - 叶子"

（18）参照前面绘制兰花的方法，绘制"右下兰花"，效果如图 10-76 所示，最终效果如图 10-77 所示。

图 10-76　绘制"右下兰花"　　　　　　　　　　图 10-77　兰花绘制完成

（19）将"前景色"进行如图 10-78 所示的设置，按下 Alt+Delete 组合键，得到如图 10-79 所示的效果。

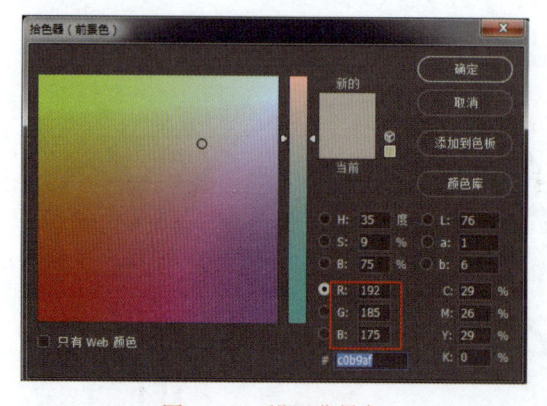

图 10-78　设置背景色　　　　　　　　　　图 10-79　填充背景色

（20）单击"图层"面板下方的"创建新组"按钮，创建一个"组 1"，将其重命名为"蝴蝶"。在"蝴蝶"组下面创建一个图层，将其重命名为"蝴蝶 1"。将"前景色"进行如图 10-80 所示的设置。

（21）选择"画笔工具"，将笔尖形状设置为"硬边圆"，大小设置为 3 像素，进行蝴蝶形状的绘制，如图 10-81 所示。接下来使用"画笔工具"对蝴蝶进行进一步美化，并设置不同的颜色，如图 10-82 所示。"蝴蝶 1"的绘制效果如图 10-83 所示。

图 10-80 设置"蝴蝶"形状的颜色 　　　　图 10-81 绘制"蝴蝶"形状

图 10-82 绘制"蝴蝶"颜色

（22）使用同样的方法绘制"蝴蝶 2"，效果如图 10-84 所示。

图 10-83 完成"蝴蝶 1"的绘制 　　　　图 10-84 完成"蝴蝶 2"的绘制

（23）创建一个新图层，将其重命名为"圆圈"。选择"椭圆选框工具"，同时按住 Alt+Shift 组合键绘制正圆。接下来执行"编辑"→"描边"命令，打开"描边"对话框，进行相关参数设置，如图 10-87 所示。设置完成后，单击"确定"按钮，得到如图 10-86 所示的效果。

163

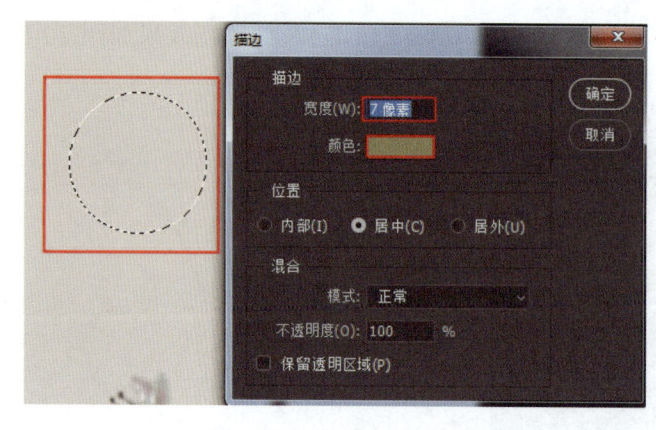

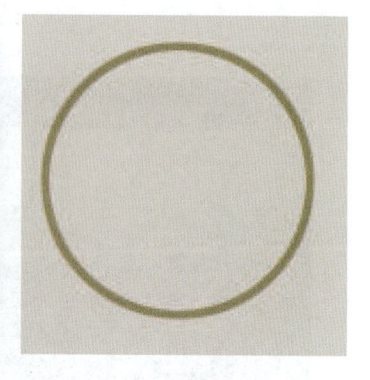

图 10-85　设置"描边"参数　　　　　图 10-86　得到正圆

（24）执行"文件"→"置入嵌入的智能对象"命令，将素材"兰 .jpg"打开，调整其大小和位置。使用"文字工具"，设置字体为隶书，输入相关文字，得到如图 10-87 所示的效果。

（25）创建一个新图层，将其重命名为"相框"。使用"矩形选框工具"，绘制长方形，然后执行"编辑"→"描边"命令，进行相关参数设置，得到如图 10-88 所示的效果。

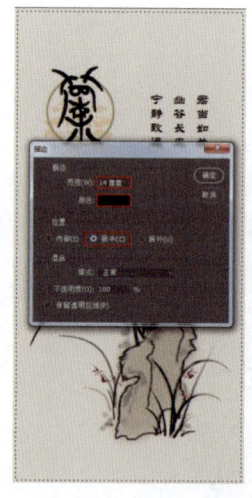

图 10-87　输入文字　　　　　图 10-88　对"长方形"进行描边

（26）再次执行"编辑"→"描边"命令，进行相关参数设置，得到如图 10-89 所示的效果。

（27）为了美化相框，选中"相框"图层，单击鼠标右键，打开"图层样式"对话框，进行"斜面和浮雕""内发光"设置，如图 10-90 所示，得到最终效果，如图 10-17 所示。

项目十 综合案例

图 10-89 再次对"长方形"进行描边

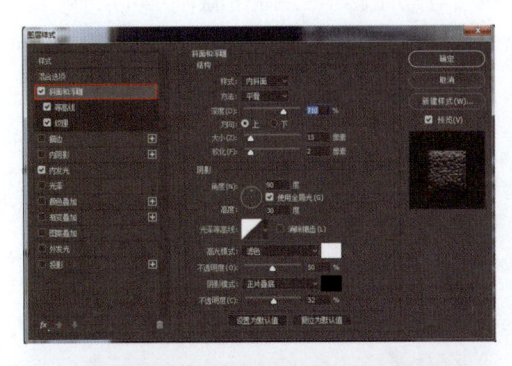

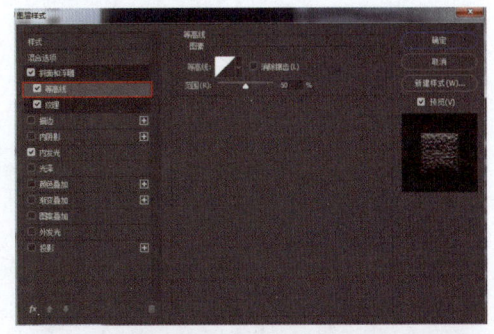

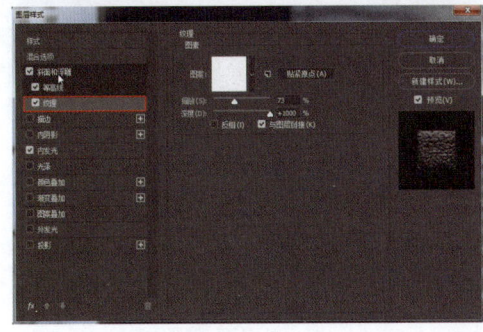

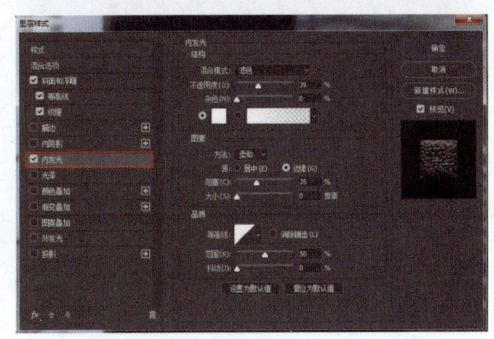

图 10-90 设置"图层样式"参数

习 题

1. 制作某校迎接新生晚会的背景图片、节目邀请函。
2. 制作某大型会议邀请函、指路标志、会议背景、展架、旗帜等。
3. 制作某淘宝网店,包括网店首页、子网页,重点制作网店 Logo、广告区、新品区、特卖区。

165

参 考 文 献

[1] 唯美世界. 中文版 Photoshop CC 从入门到精通. 北京：中国水利水电出版社，2017.

[2] 顾领中. PS 高手炼成记 Photoshop CC 2017. 北京：人民邮电出版社，2017.

[3] 李凯，郑宏. 图像处理. 北京：人民邮电出版社，2013.

[4] 容会，潘宏斌，王晓亮. Adobe Photoshop CS5 图像处理与制作. 北京：北京交通大学出版社，2011.

[5] 殷辛，刘婷. Photoshop 实用教程. 上海：上海交通大学出版社，2013.

[6] 石利平. 中文版 Photoshop CS6 图形图像处理案例教程. 北京：中国水利水电出版社，2015.

[7] 李征. Photoshop 项目实践教程（第四版）. 大连：大连理工大学出版社，2015.

[8] 陈茹，裘德海. Photoshop CS5 平面设计应用教程（第 2 版）. 北京：人民邮电出版社，2013.